*Dieter Biewald* Die Bestimmung eiszeitlicher Meeresoberflächentemperaturen mit der Ansatztiefe typischer Korallenriffe

BERLINER GEOGRAPHISCHE ABHANDLUNGEN

Herausgegeben von Jürgen Hövermann, Georg Jensch, Hartmut Valentin, Wilhelm Wöhlke

Schriftleitung: Dieter Jäkel

Heft 15

Dieter Biewald

# Die Bestimmung eiszeitlicher Meeresoberflächentemperaturen mit der Ansatztiefe typischer Korallenriffe

(16 Abbildungen, 26 Seiten Figuren mit Karten)

1973

Im Selbstverlag des Institutes für Physische Geographie der Freien Universität Berlin
JSBN 3-88009-015-7

# Inhalt

| | | |
|---|---|---|
| A | Einleitung | 7 |
| B | Begriffe und Methoden | 8 |
| C | Die regionale Bestimmung der Korallenansatztiefen und deren mögliche Störungen | 14 |
| | 1. Der Indische Ozean | 14 |
| | 2. Das Süd-Chinesische Meer mit Sulu- und Celebes-See | 16 |
| | 3. Das Große Barriere-Riff | 17 |
| | 4. Der Pazifische Ozean | 19 |
| | 5. Der Golf von Mexiko und die Karibische See | 21 |
| | 6. Die Küste Afrikas | 22 |
| | 7. Die Küste Südamerikas | 23 |
| D | Die Bestimmung der Korallenrefugien | 23 |
| E | Abschätzung der Temperaturabsenkung während der letzten Eiszeit | 25 |
| F | Zusammenfassung | 33 |
| G | Literaturverzeichnis | 34 |
| H | Anhang | 41 |

# A Einleitung

Seit CHARLES DARWIN (ab 1837, vgl. bes. 1876) in seinen klassischen Untersuchungen über die Entstehung der Koralleninseln im Pazifischen Ozean ausgeführt hatte, daß diese organogenen Aufbauten verschiedene Mächtigkeit haben und in verschiedenen Tiefen dem Meeresboden aufsitzen, versuchten zahlreiche Forscher, diese Merkwürdigkeiten zu erklären. DARWIN selbst führte die Erscheinungen im wesentlichen auf epirogene Bewegungen zurück. Nach seiner Auffassung sitzen die Riffe auf einer langsam sinkenden Unterlage und wachsen auf ihrem absterbenden Sockel weiter in die Höhe.

Nachdem von L. AGASSIZ, MAC-LAREN (1842) im Zusammenhang mit der Eiszeit eine Absenkung des Meeresspiegels um 100 bis 200 m festgestellt und somit der Gedanke von den „glazialeustatischen Meeresspiegelschwankungen"[1] ausgesprochen wurde, lag es auf der Hand, eine zweite Deutung der Riffgenese zu versuchen.

PENK (1894) hat in seiner „Morphologie der Erdoberfläche" (Bd. II, S. 660) den Gedanken ausgesprochen, daß die Basis der meisten Korallenriffe, in Tiefen zwischen 90 und 100 m, die ungefähre Lage des eiszeitlichen, d. h. glazialeustatisch abgesunkenen Meeresspiegels anzeigt. Diese von PENK geäußerte Idee hat R. A. DALY (ab 1910, vgl. bes. 1915 und 1934) zu seiner „glacial-control theory of coral reefs problem" (1915) ausgebaut, womit er zugleich der Theorie MAC-LARENS von den „glazialeustatischen Meeresspiegelschwankungen" Anerkennung verschaffte. Er führte aus, daß die interglazialen Meeresspiegelhochstände sich durch marine Strandterrassen von, im Bereich tektonisch stabiler Küsten, großer Regelmäßigkeit ihrer altimetrischen Lage kennzeichnen, während sich die hochglazialen Meeresspiegeltiefstände durch Abrasionsplattformen im Saum der tektonisch stabilen Meeresschelfe ablesen lassen. Der genaueren Bestimmung der tiefsten Abrasionsterrassen zur letzten Eiszeit dienen Berechnungen des Wasserentzuges aus den Weltmeeren über die Abschätzung der pleistozän-hochglazialen Eismassen. Auf Grund der Fixierung vor allem der nordamerikanischen und nordeuropäischen Inlandeismassen hat H. VALENTIN (1950) eine Schätzung gegeben, die die $\sim$ 100 m Abrasionsplatten der letzten Eiszeit zuordnet. Korallen konnten also während des letzten Hochglazials nur unter der damaligen Meeresoberfläche, dem heutigen 100 m-Niveau, siedeln. Die Korallenriffe mußten also von der heutigen 100 m-Isobathe aus mit dem durch das Abschmelzen des Inlandeises ansteigenden Meeresspiegel im Höhenwachstum Schritt halten. Dazu ist eine Aufwuchsrate von 100 m pro 20 000 Jahre nötig, d. h. etwa 5 mm pro Jahr.

SLUITER (1889) gibt biologisch mögliche Aufwuchsraten von 4 mm pro Jahr, DALY (1963) 27 bis 45 mm und TRACEY und EMERY (1950) 40 bis 45 mm an. Das besagt, daß es riffbauenden Korallen möglich ist, mit dem glazialeustatischen Ansteigen des Meeresspiegels Schritt zu halten, selbst in Gebieten tektonischer Absenkung, wenn diese nicht größer als 20 bis 40 mm pro Jahr ist und nicht ruckartig größer als 20 m.

Die Frage nach dem Ansatz und dem Aufwuchs der Korallenriffe kann aber sicher nicht nur mit der eiszeitlichen Meeresspiegelabsenkung beantwortet werden, denn mit dem Absinken des Meeresspiegels ging eine Temperaturerniedrigung des Oberflächenwassers Hand in Hand. Selbst bei einer Senkung der Meeresoberflächentemperatur von nur 4° (M. SCHWARZBACH, 1961) ist ein Persistieren der Korallen in den Außensäumen des Riffgürtels ausgeschlossen, vorausgesetzt, daß sich die Lebensansprüche der Riffbauer nicht geändert haben. Da infolge des pleistozänen Temperaturabfalls der Riffgürtel schrumpfen mußte, gleichzeitig aber auch wegen der pleistozänen Meeresspiegelabsenkung Riff-Korallen nur im Bereich der heutigen 100 m-Isobathe überleben und neu siedeln konnten, sollten sich durch Umgrenzung aller aus etwa 100 m Tiefe aufgewachsenen Korallenriffe die Gebiete herausheben lassen, die während des Hochglazials Refugien von Riff-Korallen waren. Die Veränderung des eiszeitlichen Riffgürtels gegenüber dem heutigen, gibt uns — vorausgesetzt, daß es sich um stenotherme Tiere handelt — ein Maß für die Klimaänderung des letzten Hochglazials und gestattet, die eiszeitliche Temperaturdepression abzulesen. Mit anderen Methoden, z. B. Untersuchung der Globigerinen und Foraminiferen, konnten bisher nur einige wenige Punkte für die eiszeitliche Meeresoberflächentemperatur ausgewertet werden; mit der Methode der Korallenansatztiefe bietet sich dagegen eine weiträumige Bestimmung an.

Darüber hinaus muß sich in den dem Hochglazial folgenden Zeiten der Korallenriffgürtel durch den Temperaturanstieg wieder ausgedehnt haben. Da der Meeresspiegelanstieg gleichzeitig erfolgte, müssen die neu siedelnden Korallen — auf immer höhere Breiten zu — mit ihrem Fuß in immer geringeren Tiefen aufsitzen, da sie sich ausreichend schnell auch über größere Strecken auszubreiten vermögen. R. A. DALY (1934): „The planulae may float for many weeks and so carried by currents as much as thousand miles".

Damit würden sich die verschiedenen Mächtigkeiten der Korallenaufbauten und ihre unterschiedlichen Ansatztiefen durch Meeresspiegelsenkung und Temperaturdepression bzw. Meeresspiegelanstieg und Erwärmung erklären lassen.

---

[1] E. SUESS (1888) definierte als eustatische Meeresspiegelschwankung Eigenschwankungen des Meeresspiegels, deren Ursache er in einer langsamen Auffüllung der Meeresbecken durch Sedimente (Transgression) oder im Einbrechen neuer Becken und Abzug des Wassers in diese Becken (Regression) sah. Unter glazialeustatischen Meeresspiegelschwankungen versteht man nach P. WOLDSTEDT (1961) Eigenschwankungen des Meeresspiegels, die im Zusammenhang mit Wasserstapelung in großen Eismassen und dem Abschmelzen derselben erfolgten, wie das im Wechsel von Kalt- und Warmzeiten des quartären Eiszeitalters mehrfach geschehen ist.

# B Begriffe und Methoden

Die Begriffe „Riff", „Korallenriff", „Typisches Korallenriff" und andere sind unterschiedlich verwendet worden, so daß es angebracht ist, sie für diese Arbeit zu definieren.

## 1. RIFFDEFINITIONEN

Ein Riff ist (u. a. nach H. MURAWSKI, 1963) eine meist damm- oder turmartige Erhebung des Meeresschelfes mit oft, besonders nach der Seeseite hin gelegenen, steilen Hängen; im weiteren Sinne rechnet man aber wohl auch flachere Aufbauten im Bereich des Meeresschelfes dazu. Einerseits können Riffe aus anorganischem Material bestehen, entweder aus Festgestein (Felsriff) oder aus lockerem Kies und Sand (Schaar); andererseits handelt es sich um Biolithe, die von zumeist in Symbiose siedelnden Organismen aufgebaut wurden. Bei den fossilen, autochthonorganogen aufgewachsenen Riffbildungen [2] unterscheidet man „Bioherms" (E. R. CUMINGS und R. R. SHROCK, 1928) als steilere Aufragungen und „Biostroms" (E. R. CUMINGS, 1932) als bestenfalls bankartige, flache „Riffrasen". Es erscheint sinnvoll, diese Begriffe im Rahmen der vorliegenden Untersuchung auf die organogenen Riffbildungen der Gegenwart mit ihrem noch lebenden Aufsatz anzuwenden.

Wenn in dieser Arbeit von Riffen gesprochen wird, sind nur solche organogenen Riffbildungen gemeint, an deren Aufbau Korallen maßgeblich beteiligt sind; die bedeutendsten Riffe der Gegenwart werden von hermatypischen Korallen in tropischen Meeren aufgebaut. Nach der Form kann man zwischen linsen-, hügel- bis turmartigen „Bioherms" mit kräftigen Höhenunterschieden und flachrasenförmig bis bankartigen „Biostroms" mit geringen Höhendifferenzen unterscheiden. Dabei ist nur selten — wenn man vom lebenden Teil der Krone absieht — das Riff in seiner Gesamtheit voll ein Bioherm oder voll ein Biostrom. In der Regel wechseln biohermale und biostromale Wachstumsphasen im zeitlichen Gesamtbildungsprozeß recht häufig, was besonders an fossilen Riffen gut zu studieren ist (vgl. u. a. U. JUX, 1960). Gelegentlich wird das Wachstum auch durch Stillstandsphasen unterbrochen, angezeigt durch erosive Kappungen oder klastische Sedimentlagen (beispielsweise Riffdetritus).

Nach Lage und Grundriß kann man bei Riffen — und selbstverständlich nicht nur bei den hier behandelten Korallenriffen — folgende Unterscheidungen treffen (vgl. H. MURAWSKI, 1963):

1. den Küsten unmittelbar folgende (d. h. höchstens durch einen schmalen und seichten Randkanal abgetrennte), dammartige Riffe, die als Saumriffe, gelegentlich auch als Fransen-, Küsten- oder Strandriffe bezeichnet werden;

2. den Küsten mittelbar folgende (d. h. durch einen breiteren Strandkanal — Lagune — abgetrennte), zumeist langhinziehende, gelegentlich durch Riffkanäle unterbrochene, dammartige Riffe, die als Wallriffe oder auch als Damm- oder Barriereriffe bezeichnet werden;

3. dem Boden flacher, langgestreckter Strandkanäle bis nahezu kreisrunder, nach außen abgeschlossener Wasserbecken aufsitzende Flachriffe, vielfach mit vereinzelten, bis nahe an die Wasseroberfläche tretenden Korallentürmen, die man als Fleckenriffe, gelegentlich aber auch als Flachsee- oder Lagunenriffe bezeichnet;

4. den Kuppen heute zumeist nicht mehr ganz die Wasseroberfläche erreichender „Inseln" (häufig vulkanischen Ursprungs) aufgesetzte ringförmige Riffe, die seeseitig steil abfallen und innenseitig ein flaches Becken (Lagune) umschließen. Die Lagune ist nur durch Riffkanäle mit dem offenen Meer verbunden. Sie werden (nach einem malayischen Wort) als Atolle bezeichnet. Wenn im Fortlauf der Arbeit von Riffen oder Korallenriffen die Rede ist, so können darunter grundsätzlich alle diese Formen verstanden werden. Soweit es aber für das Verständnis im Einzelfalle erforderlich erscheint, sind die verschiedenen Rifftypen auch unter ihrem Formenbegriff angesprochen worden.

## 2. ABGRENZUNG DER RIFFBILDENDEN KORALLEN GEGEN ANDERE

Im allgemeinen bewohnen die Riffkorallen [3] warme Meere; die eigentlichen Korallenriffe sind im wesentlichen auf die Küstenzonen zwischen 30° nördlicher und südlicher Breite beschränkt (vgl. u. a. J. W. WELLS, 1957, M. SCHWARZBACH, 1961, H. J. WIENS, 1962) und zeichnen sich durch einen gewissen Reichtum an Riffkorallen aus. In diesem Zusammenhang sind beispielsweise die Riffe von Formosa (36 Arten), der Riukiu- (49 Arten) und der Bonin-Inseln (33 Arten), die der Moreton Bay an der Ostküste Australiens (13 Arten) und der ostafrikanischen Küste bei Durban (13 Arten), schließlich aber auch die an der Ost- (Golf von Mexico, Florida ...) und Westküste (Südkalifornien) Nordamerikas (vgl. u. a. J. W. WELLS, 1957) zu nennen. Polwärts 30° nördlicher und südlicher Breite befinden sich beispielsweise die Vorkommen der Japan-See an der

---

[2] In diesem Zusammenhang denke man beispielsweise an die seit dem Präkambrium in nahezu allen Formationen verbreiteten Algenriffe, besonders an die der alpinen Mittel- und Obertrias; dann an die Schwammriffe des tieferen Kambriums (Archaeocyathiden) und Weißjuras (vor allem Kieselschwämme) sowie die Korallen- und Stromatoporenriffe besonders des Silurs und Mitteldevons; ferner an die Bryozoenriffe des Silurs, Unterkarbons, Zechsteins und Tertiärs sowie die Riffbildungen dickschaliger Muscheln (Rudisten, insbesondere Hippuriten) und Schnecken (vor allem Nerineen und Actaeonellen) hauptsächlich in der Oberkreide, schließlich aber auch an von Hydrozoen, Brachiopoden, Serpuliden usw. gebildete sowie selbst fossilarme, massige Kalke.

[3] Eigentliche Korallenriffe sollen hier im Sinne von Bioherms verstanden werden; die gemeinten Riffkorallen werden als „hermatypische" Korallen (vgl. u. a. U. LEHMANN, 1964) bezeichnet, d. h. sie vermögen im Gegensatz zu den „ahermatypischen Korallen" Bioherms zu bilden, während diese bestenfalls Biostrome aufzubauen in der Lage sind.

Südküste Schikokos (40 Arten) und der größte Teil im Bereich der Kermedac-Inseln nordöstlich von Neuseeland (allerdings nur noch 7 Arten). Als polwärtigste Vorkommen hermatypischer Korallenriffe werden solche von H. YABE und T. SUGIYAMA (1932) (28 Arten) aus der Japan-See an der Südküste Hondos bis 35° nördlicher Breite und bei Februarwassertemperaturen von ca. 12° sowie von R. W. FAIRBRIDGE (1950) aus der Botany Bay bei Sydney an der australischen Ostküste bis 35° südlicher Breite (offenbar nur eine Gattung bei ähnlich niedrigen Julitemperaturen) angesehen[4]. Der Vollständigkeit halber sei nochmals darauf hingewiesen, daß das Wachstum von Steinkorallen auch bei tieferen Wassertemperaturen möglich ist, wie die flachen Bänke an der Westküste Norwegens beweisen. So ist nach H. BROCH (1922) im Bereich der Lofoten ein üppiges biostromales Wachstum bei Januartemperaturen der Luft bis unter —1° und bei Schwankungen zwischen Januar- und Julimitte (ca. 11°) von über 12° möglich. In dieser Arbeit sind diese unter geringer Beteiligung von Korallen gebauten reinen „Biostroms", so auch die vereinzelten Vorkommen im Mittelmeer an der dalmatischen Küste (bis ca. 45° nördlicher Breite), bei denen die Kalkalge Tenarea tortuosa eine wesentliche Rolle spielt (F. PAX, 1925, und J. PIA, 1933), nicht berücksichtigt worden.

Die zweifelsfrei polwärtigsten Vorkommen von bankartigen Rasenriffen stellen die von der norwegischen Küste bis zu den Lofoten in 69° nördlicher Breite (von E. SEIBOLD in R. BRINKMANN, 1964, wird 71° nördlicher Breite angegeben) vorkommenden Bildungen dar. Es sind vor allem die Steinkorallen Lophohelia prolifera und Amphihelia ramea in Symbiose mit Kalkalgen, die als Hauptbildner der dortigen Flachriffe bei Jahresmittel-Wassertemperaturen von 6° bis 7° (Januar-Wassertemperaturen bis unter —1°! [H. BROCH, 1922]) vorkommen. In diesem Zusammenhang soll ferner erwähnt sein, daß solitäre, allerdings nicht zu Riffen — auch nicht zu „Biostroms" — zusammentretende Korallen — beispielsweise mit den Gattungen Caryphylia und Flabellum — noch an der Küste Grönlands und in der Arktis örtlich verbreitet sind (vgl. u. a. J. PIA, 1933).

### 3. TEMPERATURGRENZEN DER AUS KORALLEN AUFGEBAUTEN BIOHERMS

In Hinblick auf den Versuch einer Rekonstruktion der eiszeitlichen Temperaturdepression auf Grund der Einengung des Korallenriffgürtels ist es notwendig, das heutige Verbreitungsgebiet der Korallenriffe durch elementare Klimawerte einzugrenzen. Die Riffkorallen werden in der Literatur als ausgesprochen stenotherme Tiere bezeichnet und als äußerst empfindlich gegen merkliche Temperaturschwankungen angesehen. Man kann mit H. LOUIS (1961) die optimalen Wachstumsbedingungen hermatypischer Korallen — in Anlehnung an viele andere Autoren — durch Jahresmittel der Wasseroberflächentemperatur zwischen 25° und 30°

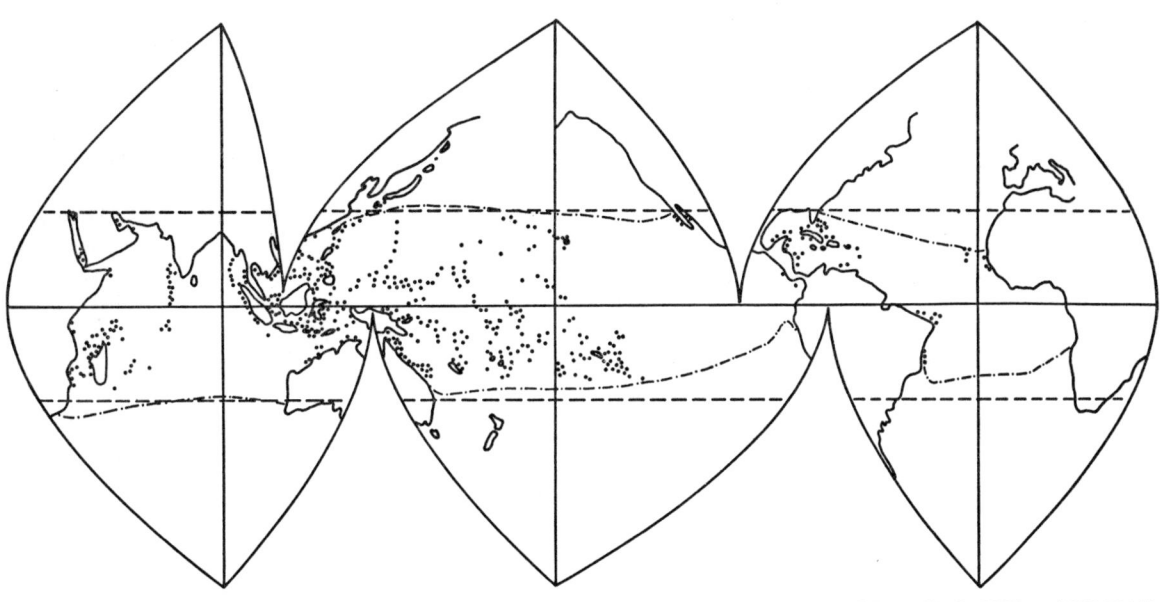

———— 18° Isotherme des kältesten Monats
⋅⋅⋅⋅ Korallenriffe

VERBREITUNG DER KORALLENRIFFE n.J.W.WELLS (1950)

Abb. 1

---

[4] Während H. J. WIENS (1962) in Anlehnung an J. W. WELLS (1957) zumindest die Vorkommen an der Südseite Hondos zu den hermatypischen Korallenriffen rechnet, spricht M. SCHWARZBACH (1961), offenbar in Anlehnung an C. TEICHERT (1958) im Zusammenhang mit den Vorkommen an der Südküste Hondos und in der Botany Bay nur von bankbildenden Steinkorallen; auf seiner Verbreitungskarte (in Anlehnung an F. PAX, 1925) sind jene Vorkommen außerhalb 30° nördlicher und südlicher Breite nicht verzeichnet.

approximieren. Nach M. SCHWARZBACH (1961) verlangen die meisten Riffkorallen eine Mindest-Wasseroberflächentemperatur von 21°.

Wenn man mit M. SCHWARZBACH (1961) die Vorkommen der Japan-See und der Botany Bay als nicht hermatypische Riffe ansieht, so werden die Polargrenzen des Riffgürtels durch die Jahresmitteltemperatur der Meeresoberfläche von 20° C bezeichnet, soweit als Mindest-Wassertemperatur des kältesten Monats 18° (u. a. R. W. FAIRBRIDGE, 1950, H. LOUIS, 1961) gegeben sind (vgl. auch die tabellarische Übersicht in D. BIEWALD, 1964). Wir benutzen daher für die thermische Begrenzung der hermatypischen Korallenriffe die 18°-Isotherme des Oberflächenwassers des kältesten Monats und die 20°-Isotherme des Jahresmittels (vgl. Abb. 1 nach WELLS und Abb. 2 nach WERTH).

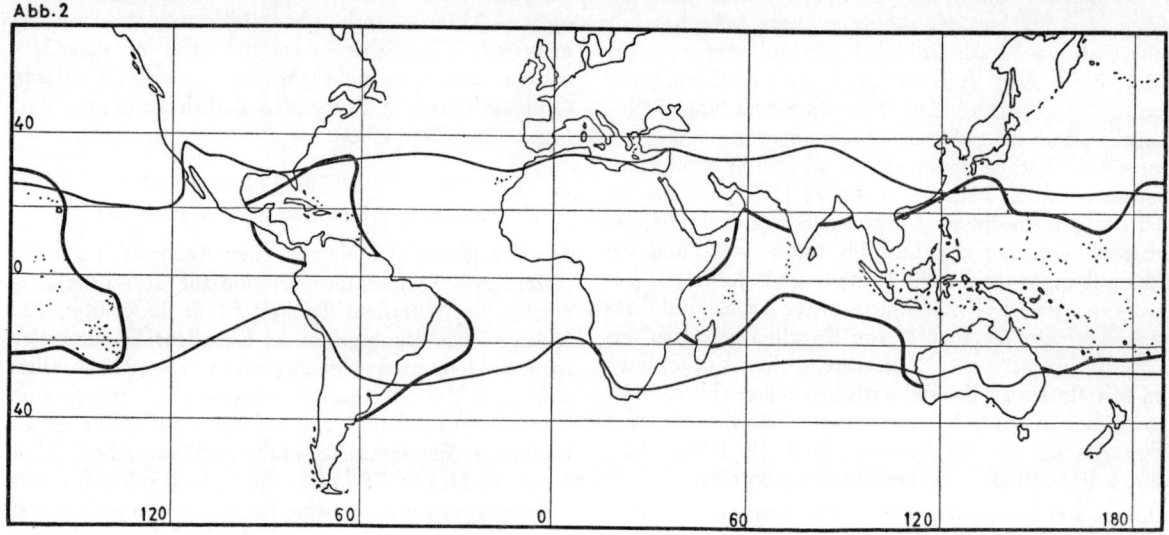

Abb. 2

——— Korallengürtel der Erde nach E. Werth (1952)    ——— 20° Jahresisotherme

## 4. ABHÄNGIGKEIT DER RÄUMLICHEN AUSDEHNUNG DER BIOHERMS VON DER MEERESOBERFLÄCHENTEMPERATUR

Diese Kennzeichnung trägt der Tatsache Rechnung, daß der Gürtel der riffbauenden Korallen vor allem an den Westküsten der Südkontinente stark eingeschnürt ist. Hier werden unter dem Einfluß kalter Meeresströmungen und kalten Auftriebswassers (Humboldtstrom an der Westküste Südamerikas, Benguelastrom an der Westküste Südafrikas und Westaustralstrom an der Westküste Australiens) die Temperaturen stark herabgesetzt und der Riffgürtel an der Westküste Südamerikas von Süden her bis nahe zum Äquator und an der Westküste Afrikas bis auf wenige Breitengrade in der Äquatorgegend eingeengt [5]. Umgekehrt ist unter dem Einfluß warmer Meeresströmungen, beispielsweise an den Ostküsten Südamerikas und Afrikas, der Riffgürtel besonders weit nach Süden hin ausgebuchtet (vgl. u. a. M. SCHWARZBACH, 1961, E. SEIBOLD in R. BRINKMANN, 1964). Für diese Arbeit ist es ohne Belang, ob auch eine obere Temperaturgrenze des Korallenriffwachstums existiert. Es gibt in äquatorialen Gegenden üppiges Riffwachstum bei Jahresmitteltemperaturen an der Oberfläche von über 28°, örtlich auch bis fast 30° — beispielsweise nördlich Neuguineas und der Salomon-Inseln oder westlich Sumatras (vgl. u. a. J. W. WELLS, 1957) —, bei bis 35° ansteigenden Sommertemperaturen der Wasseroberfläche im Persischen Golf und Roten Meer (vgl. u. a. E. SEIBOLD in R. BRINKMANN, 1964). Andererseits können Korallen in Stillwasserbereichen — etwa flachen Lagunen — bei fehlenden Konvektionsströmen durch anhaltende Temperaturen über 35 °C, bei rapide absinkendem Sauerstoffgehalt im Wasser, abgetötet werden.

## 5. ABHÄNGIGKEIT DES KORALLENWUCHSES VON DER TIEFE

Für die Festlegung der Korrekturgröße bei der Veranschlagung der Ansatztiefe der letzteiszeitlichen Riffkorallen sind die bathymetrischen Verhältnisse lebender Korallenriffe wichtig. Das optimale Wachstum der Riffkorallen erfolgt einerseits unterhalb des Niedrigwasserniveaus, da längere Trockenheit und stärkere Erwärmung die Tiere abtötet (vgl. u. a. H. LOUIS, 1961), andererseits bis zu Wassertiefen von 25 und 30 m. Die untere Tiefenbegrenzung des Riffwachstums ist durch das Lichtbedürfnis von Algen, vor allem der einzelligen Zooanthellen bedingt, die in Symbiose mit den Riffkorallen leben. Da eine Korallenkolonie im Regelfalle dreimal mehr pflanzliches als tierisches Gewebe enthält, sind die Algen Nahrungslieferant der

---

[5] K. ANDRE (1920) gab als Nebenargument die Passatwinde an, die das kalte Oberflächenwasser nach Westen strömen lassen, so daß das an Plankton arme Auftriebswasser an den Westküsten der Südkontinente den Riffkorallen kaum noch eine ausreichende Ernährungsgrundlage zu bieten imstande wäre.

Korallen; in Stillwasserbereichen sind sie außerdem als Sauerstofflieferanten wichtig. Der maximale Gehalt an Algen liegt in 4 bis 5 m Wassertiefe; nicht selten wachsen sie aber über den Lebensbereich der Korallen hinaus, so vor allem auf der Luvseite der Riffe, wo sie von den Brechern überspült werden, zwischen 0,5 und 1 m über die Wasseroberfläche (vgl. u. a. E. WERTH, 1952). Daß Algen bei besonders klarem Wasser auch in größeren Tiefen assimilieren können und dann den Riffkorallen auch diese Räume zu besiedeln gestatten, ist belegt. So wird es verständlich, daß im hermatypischen Riffbereich lebende Korallenkolonien vereinzelt bis zu Wassertiefen von 60 m, maximal sogar von 150 m, angetroffen worden sind, allerdings sind Beispiele, daß bei Wassertiefen unter 50 m eine Neubesiedlung durch Korallen erfolgte, nicht bekannt (E. SEIBOLD in R. BRINKMANN, 1964).

Bei Korallen, die außerhalb der Fragestellung dieser Arbeit liegen, wie denen vor der Küste Dalmatiens, wird von F. PAX (1925) und J. PIA (1933) berichtet, daß Korallen und Algen, vor allem die Kalkalge Tenarea tortuosa, Bänke und Rasen bis zu Wassertiefen unter 100 m bilden. Bei den örtlich auf 30 bis 60 m anschwellenden, dem Meeresboden oft unmittelbar aufsitzenden „Biostroms" an der Westküste Norwegens ist offenbar das optimale Wachstum der Korallen an Wassertiefen zwischen 180 und 300 m gebunden (H. BROCH, 1922). In weniger als 55 m tiefen Gewässern sterben sie ab; andererseits wurden sie aber auch bis zu Wassertiefen unter 500 m angetroffen. Sie unterscheiden sich von tropischen Korallenriffen nicht nur durch das geringe Höhenwachstum, die Anpassung an relativ niedrige Temperaturen und große Wassertiefen, sondern vor allem auch durch ihre Artenarmut. Von E. SEIBOLD (in R. BRINKMANN, 1964) wird angeführt, daß solitäre Korallen in Wassertiefen bis um 6000 m lebend angetroffen worden sind.

Wenn auch nach dem Vorgesagten von Riffkorallen Neubesiedlungen bis zu Wassertiefen von 30 m vorgenommen werden können, so geschieht das im Regelfalle nicht in Tiefen unter 15 m. Diese 15 m „Korrekturgröße" können wir bei der Beurteilung der verschiedenen Ansatztiefen in den eiszeitlichen Persistenzbereichen und den nachher allmählich neu besiedelten Gebieten unberücksichtigt lassen, da sie sich im Rahmen der methodischen Fehlergrenze hält und dieser Fehler in alle Berechnungen in annähernd gleicher Größe eingeht.

## 6. ABHÄNGIGKEIT DES KORALLENWACHSTUMS VOM SALZGEHALT

Außer an Temperatur und Wassertiefe sind die Riffkorallen an einen bestimmten Salzgehalt gebunden. Sie verlangen im Regelfalle normalsalziges Wasser; von G. u. H. TERMIER (1963) werden 33 bis 38 %/oo angegeben — sicherlich ist diese Angabe zu eng — von E. SEIBOLD in R. BRINKMANN (1964) 27 bis 38 %/oo. Zwar gibt es Meeresteile, wo das Wachstum von Riffkorallen unter erheblicher größerer Salinität möglich ist, so im Persischen Golf (max. 42 %/oo), im Bahamaschelf und im Roten Meer (örtlich über 45 %/oo), aber dort sind zumeist biostromale Rifformen beherrschend, beispielsweise im Roten Meer, wo die Riffrasen stellenweise Salzdomen aufsitzen; nur gelegentlich vermögen sich einzelne Rifftürme, Kuppenriffe (Pinnacles oder Patch reefs) über die biostromalen Flachriffe zu erheben, wie das ähnlich, aber weit häufiger, in größeren Lagunen der Fall ist. Daß das Riffwachstum bei einer Salinität unter 20 bis 25 %/oo ausbleibt, ist aus Beobachtungen abgeleitet. So lösen sich hermatypische Korallenriffe schon in weiter Entfernung vor Flußmündungen auf, d. h. unter Süßwassereinfluß sterben die Riffkorallen ab; in Brackwasserbereichen können offenbar nur wenige nicht riffbildende Korallenarten bestehen.

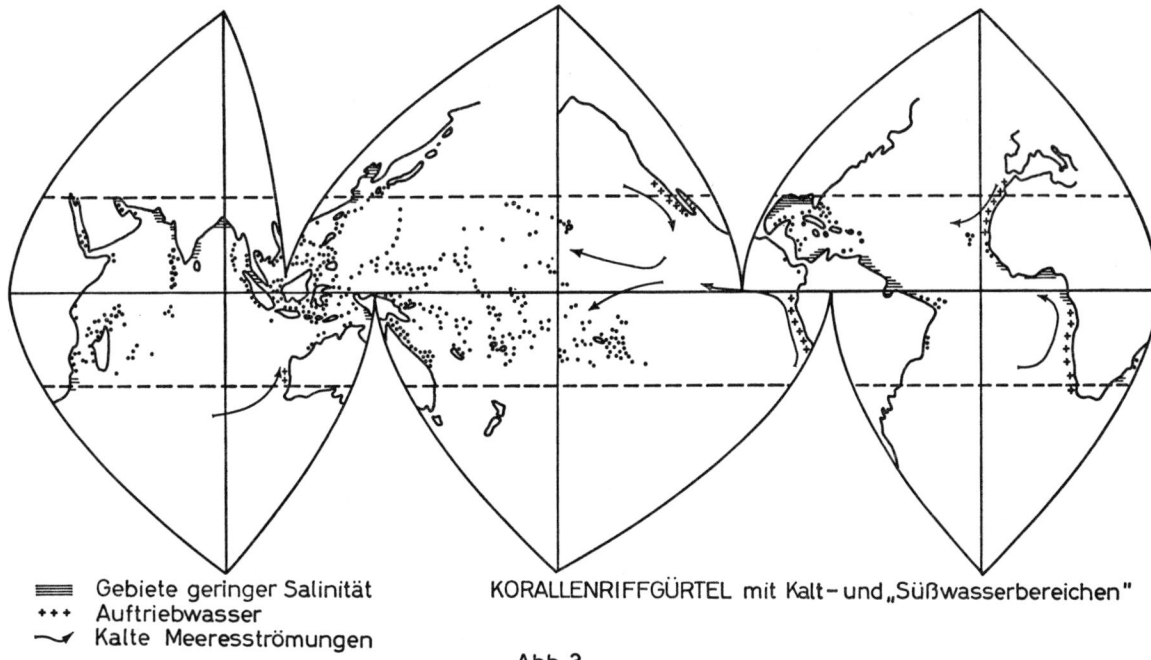

≡ Gebiete geringer Salinität
+++ Auftriebwasser
⌒ Kalte Meeresströmungen

KORALLENRIFFGÜRTEL mit Kalt- und „Süßwasserbereichen"

Abb. 3

In Abb. 3 ist darzustellen versucht worden, welchen Einfluß gegenwärtig die Süßwasserströme auf das Riffkorallenwachstum ausüben. So verhindert der Zufluß von Amazonas und Orinoco an der Nordküste Südamerikas unter etwa 1° südlicher bis zu 10° nördlicher Breite jeden riffartigen Korallenwuchs; ein Einfluß ist bis zu den Kleinen Antillen hin erkennbar. Das gleiche ist anscheinend im Karibischen Meer (Golf von Darien und Moskito Bay) bis zur Küste von Nicaragua hin der Fall, hauptsächlich unter dem Einfluß des Magdalenenstroms und des Atrato; im nördlichen Golf von Mexico üben der Rio Grande del Norte und der Mississippi bis zur Floridastraße hin einen merklichen Einfluß aus. Für die Küsten Afrikas sind es vor allem Senegal, Niger und Kongo an der Westküste und Limpopo und Sambesi an der Ostküste, die das Ansetzen von Riffbauern verhindern, ja sogar den Korallenwuchs überhaupt unterbinden. Auch für die Küste Madagaskars zeigen sich in der sonst gut gedeihenden Korallenfauna tote Stellen, die durch Flußmündungen entstanden sind. An den asiatischen Küsten verhindern Euphrat und Tigris ein Korallenleben östlich ihres Deltas. Die Süßwasserschüttung von Indus, Narbada, Tapti und anderen wirkt sich auf die Malabarküste, die von Krischna und Godawari auf die Koromandelküste, die von Bramaputra und Ganges auf die Gebiete östlich und westlich des Deltas aus. Irawadi und Saluen stören den Wuchs an der gesamten westlichen Malayischen Halbinsel, Sikiang, Yangtsekiang und der Hwang-ho rufen eine deutliche Einbuchtung der Linie des geschlossenen Riffgürtels der Erde hervor. Auch den fehlenden Korallenwuchs an den Süd-Westlagen Neuguineas kann man auf Flüsse zurückführen.

## 7. ABHÄNGIGKEIT DES KORALLENWUCHSES VON DEN WINDEN UND MEERESSTRÖMUNGEN

Auch Winde und Meeresströmungen haben einen gewissen Einfluß auf das Riffwachstum. Sie sind bedeutungsvoll für die Ernährung der Riffbauer (Plankton), die Zufuhr an gelöstem Sauerstoff (und Abfuhr von $CO_2$). Örtlich vollzieht sich optimales Riffwachstum auf Felsvorsprüngen und Plattformen im Luv der Meeresströmungen, besonders dort, wo eine stark turbulente Wasserbewegung vorhanden ist. Demgegenüber ist das Riffwachstum im Strömungslee oder in Stillwasserbereichen gering. Das wird besonders deutlich bei den Wallriffen und Atollen, wo die Korallen in der eigentlichen Riffzone massiv und blockförmig auftreten, während dahinter in den ruhigen Lagunen oft die gleichen Arten am Boden langgestreckt und wenig verzweigt, kriechend siedeln und nur gelegentlich strauch- oder baumartig darüber aufwachsen.

Die Strömungen tragen häufig Flußtrübungen oder Küstenaufschlämmungen mit sich, gegen die Riffkorallen im allgemeinen, wohl vor allem wegen ihrer Symbiose mit lichtbedürftigen Algen, empfindlich sind. So liegt einerseits in stark turbulenten Strömungszonen (Strömungsluv), andererseits aber auch in Klarwasserbereichen optimales Riffwachstum vor. Zwar gedeihen Korallen und Algen — wenn auch zumeist kümmerlichere, in dem beispielsweise Madreporier dort kleinere Kelche bilden, die sich mehr über die allgemeine Oberfläche der Äste erheben — in trübem und selbst noch in schlammigem Wasser oft gut (z. B. Porites limosus; vgl. u. a. F. PAX, 1925); das ist in den Stillwasserbereichen der Lagunen häufig zu bemerken; dennoch sind das Ausnahmen, wie R. W. FAIRBRIDGE (1950) bei der Beschreibung eines üppig wachsenden Korallenriffs im Großen Barriere-Riff vor Australien in unmittelbarer Nachbarschaft einer verhältnismäßig starken Sedimentation feststellt.

## 8. HÄUFIGKEIT DER KORALLENGATTUNGEN IN ABHÄNGIGKEIT VON DEN LEBENSBEDINGUNGEN

In gewisser Hinsicht geben die am örtlichen Riffwachstum qualitativ und quantitativ beteiligten Gattungen und Arten Hinweise auf die optimalen bis minimalen Lebensbedingungen der Riffbauer hinsichtlich der Salinität, der bathymetrischen, der Temperatur-, Strömungs- und Klar-Trübwasser-Verhältnisse sowie über noch andere, das Riffwachstum fördernde oder hemmende Bedingungen. Gegenüber ca. 80 Gattungen mit ca. 700 Arten von Riffkorallen im indopazifischen Meeresraum leben im Atlantischen Ozean offenbar nur 26 Gattungen mit 35 Arten (E. SEIBOLD in R. BRINKMANN, 1964). Im allgemeinen nimmt die Gattungs- und Artenzahl vom Äquator polwärts ab. So gibt F. PAX (1925) von den Philippinen (ca. 10° nördlicher Breite) 180 Madreporien-Arten an, U. JUX (1960) von den Bermudas (33° n. B.) nur noch 10. Am Nordrand des Großen Barriere-Riffs in ca. 9° südlicher Breite werden 60 Korallengattungen verzeichnet, in der Botany Bay in 35° südlicher Breite demgegenüber nur noch eine (R. W. FAIRBRIDGE, 1950). Eine genauere Übersicht hat vor allem J. W. WELLS (1957) gegeben. Aber auch nach der Tiefe hin nimmt die Gattungs- und Artenzahl beträchtlich ab. So wiesen K. O. EMERY, J. I. TRACY und H. S. LADD (1954) am Bikini-Atoll nach, daß in einer Wassertiefe bis 8 m 120 Arten, unter 15 m aber nur noch 7 Arten vorkamen.

Dazu nehmen allein im indopazifischen Meeresraum über 3000 Arten — angefangen von den Pflanzen, vor allem Algen, über die wirbellosen Tiere, darunter besonders Protozoen (vor allem Foraminiferen), Schwämme, Hydrozoen, Mollusken (vor allem Schnecken und Muscheln; beispielsweise bildet Tridacna gigas oft ganze Bänke), Würmer, Crustaceen und Echinodermen (vor allem Seeigel) bis zu den Wirbeltieren hin (darunter besonders die Fische) — die Vorteile des Riffs wahr, wie festen Halt, Schutzhöhlen und Jagdreviere.

## 9. VERGLEICHBARKEIT FRÜHERER UND HEUTIGER KORALLENRIFFE

Daß hinsichtlich des Riff-Biotopes seit dem Tertiär keine nennenswerten Änderungen zu verzeichnen sind, ist durch viele Untersuchungen belegt. So konnte schon J. FELIX (1904) mit Arbeiten über die tertiären und quartären Korallen im Bereich des Indischen Ozeans und Roten Meeres dafür Beweise erbringen, daß beispielsweise heute hier noch mehr als zwei Drittel der frühquartären Korallen verbreitet sind. Auch die Aufwuchsrate früherer und heutiger Riffe ist vergleichbar. Untersuchungen liegen von der ca. 100 000 km² großen Bahama-Bank vor, wo ein über 4400 m mächtiger Riffsockel steht, der sich seit Beginn der Unterkreide bei (sicherlich nicht immer kontinuierlich-epirogenetischer) Absenkung bis zum Ende des Tertiärs gebildet hat — das bedeutet durchschnittlich 4 cm in 1000 Jahren abgesetzten Kalkstein, was bei „Steigwerten" der heutigen dort vorhandenen Korallenriffe bis über 175 cm in 100 Jahren (vgl. u. a. H. GRAUL, 1959) durchaus verständlich erscheint — der dann während der pleistozänen Kaltzeiten offenbar zum Teil gekappt worden ist und wo sich schließlich, anscheinend erst seit dem frühen Holozän — und zwar nur an der luvseitigen und inselreichen Ostflanke —, meist kleinere Riffe neu entwickeln konnten (E. SEIBOLD in R. BRINKMANN, 1964).

## 10. LEBENSBEDINGUNGEN DER KORALLENRIFFE

Bevor die Ausführungen über die dieser Arbeit zu Grunde liegende Methode abgehandelt werden, sollten noch einmal alle wichtigen Voraussetzungen des Riffwachstums zusammengefaßt werden:

1. Bei Jahresmittel-Wasseroberflächen-Temperatur von 25° bis 30° und Amplituden zwischen wärmstem und kältestem Monatsmittel von 5° bis 6° ergeben sich optimale Lebensbedingungen hermatypischer Korallen; Riffwachstum ist offenbar bis zu Jahresmittel-Wasseroberflächen-Temperaturen um 20° und Wasseroberflächen-Temperaturmittel des kältesten Monats von 18° möglich.

2. Seichtes Meerwasser bis 15 m Tiefe ist der optimale Lebensraum für Riffkorallen; Besiedlungen neuer Lebensräume durch hermatypische Korallen sind unter 30 m Wassertiefe noch nicht beobachtet worden. Der Regelfall ist wohl die Ansiedlung zwischen 0 und 5 m unter Niedrigwasser; nur an besonders günstigen Stellen (wenig Trübung, hoher Sauerstoffgehalt) kann Ansiedlung in einer Tiefe von 5 bis 30 m erfolgen.

3. Bei normalerweise 27 ‰ bis 38 ‰ salzhaltigem Meerwasser ergeben sich optimale Lebensbedingungen der Riffkorallen; bei fallender und steigender Salinität erfolgt eine Verarmung des Riffwachstums und schließlich (bei Süßwasserzufuhr oder Salinität unter 24 ‰ oder über 45 ‰) ein Absterben der Riffkorallen.

4. Einerseits fördert Klarwasser das Riffwachstum (hoher Anteil an langwelligem Licht, das die in Symbiose mit den Korallen lebenden Algen benötigen), andererseits erhöhen kräftige Strömungen — obschon sie zu Trübungen führen können — (durch reiche Zufuhr von Nahrung [Plankton] und gelöstem Sauerstoff) die Lebenschancen der Korallen.

## 11. DIE METHODE

Die Lage der Riffe kann man in erster Übersicht sehr einfach aus den Karten von L. JOUBIN (1912), J. W. WELLS (1957) oder aus dem Morskoi-Atlas entnehmen. Zieht man die Seekarten des betreffenden Gebietes zu Rate, so ergeben sich die ersten Schwierigkeiten, denn nicht alle Gebiete, in denen Korallenriffe existieren, sind heute so gut ausgelotet, daß man sie für eine Auswertung benutzen kann. Über manche Gebiete kann man nur wenige Aussagen machen, selbst, wenn man die Angaben der Seekarten durch Tiefenwerte des Morskoi-Atlas oder aus Übersichtskarten der verschiedenen seefahrenden Nationen ergänzt.

Schwierig ist es, auch in gut ausgeloteten Gebieten, für die Karten verschiedener Maßstäbe zwischen 1 : 15 000 und 1 : 500 000 zur Verfügung stehen, die beweiskräftigen Werte zusammenzustellen. In allen Fällen mangelt es an Lotungspunkten für Werte tiefer als 100 m. Je kleiner der Maßstab einer Karte ist, um so weniger Angaben sind auf der begrenzten Fläche der Karte darstellbar, und so verzichtet der Nautiker auf das Eintragen der für die Schiffahrt belanglosen Werte. Hinzu kommt, daß die Genauigkeit des Ortes einer Lotungsangabe in solchen Karten sehr zu wünschen übrig läßt. Erst auf Karten, die so großmaßstäbig sind, daß zwischen den nautisch wichtigen Lotungen viele weiße Flächen übrig bleiben, füllt man die Lücken mit den nur wissenschaftlich wertvollen Angaben. Dennoch fehlen auch hier häufig die Lotungsangaben für größere Tiefen, da diese für die Küstenschiffahrt geschaffenen Karten vor allem die Fahrwasser beschreiben. Die wichtigen Werte aus verschiedenen Karten unterschiedlicher Aussagekraft zusammenzustellen, gelingt häufig erst durch Vergleichsschnitte; und auch dann mußten die Tiefenangaben häufig durch Übertragungen des 100- bzw. des 200 m-Wertes aus dem Atlas Morskoi ergänzt werden. Die Lage der jeweiligen Riffe geht aus den Seekarten durch die einheitlich angewendete Korallenriff-Signatur hervor.

Lebende Korallenriffe, die nicht die Oberfläche erreichen, aber nur maximal 20 m unter dem Wasser liegen, kann man über ihre Hangneigung vom normalen Küstenabfall oder von aufgesetzten Wölbungen unterscheiden. Ein Hinweis auf die Existenz eines solchen Riffes bietet die Bankbezeichnung und die Ankergrundangabe; im Morskoi-Atlas sind „austrocknende Korallenriffe" und „Korallenriffe unter Wasser" gekennzeichnet.

Bei der Auswertung der Seekarten wurde zunächst eine Gerade von der Küste senkrecht über das Korallenriff hinaus bis zur 200 m-Isobathe gezeichnet. Die Richtungslinie für den zu erstellenden Schnitt wurde durch möglichst viele Lotungspunkte gelegt; es wurde aber auch darauf geachtet, daß sie nicht durch Küstenabbiegungen verfälscht wurde. Trägt man die Lotungen in ein Diagramm ein, bei dem die Ordinate die Tiefenangaben gibt und auf der Abzisse die Entfernungen zwischen den einzelnen Lotungspunkten abgetragen sind, so erhält man ein der Dichte der Lotungen adäquates Profil des Verlaufs des Schelfes und Kontinentalabfalls. Außerdem bekommt man mehr oder minder genau — je nachdem, wie nahe am Riff gelotet wurde — auch die Tiefen, in denen der Fuß des Korallenriffs auf diesem Kontinentalabfall aufsitzt. Alle Schnitte — insgesamt wurden etwa >10 000 Profile ausgewertet — sind, um Vergleichsmöglichkeiten zu haben, im gleichen Horizontal- und Vertikalmaßstab gezeichnet. Der Horizontalmaßstab beträgt, wenn nichts anderes vermerkt wurde 1 : 1 000 000, der Vertikalmaßstab 1 : 10 000, die Überhöhung somit 1 : 100.

Die Bestimmung wird schwieriger, wenn keine Lotungen für das Außenriff gegeben sind. So schließen beispielsweise alle australischen Seekarten mit dem Außenabfall des Großen Barriere-Riffs ab. In diesem Fall wird die Linie des Küstenabfalls durch das Riff mit gleichem Gefälle verlängert, bis das auf den Karten markierte Außenriff erreicht ist. Der Schnittpunkt des Außenriffs mit der Gefällelinie der Küstenabdachung gibt dann ungefähr die Ansatztiefe des Riffes an. Allerdings ist Vorsicht geboten, da das Küstengefälle durch Brüche, Erosionsrinnen, Küstenabbiegungen modifiziert werden kann.

Die größte Schwierigkeit tritt bei den Atollen auf: wegen der großen Steilheit des Außenriffs wird von Atollen der Außenabfall auf normalen Seekarten nicht abgebildet. Genauere Lotungen des Außenabfalls wie sie in Spezialpublikationen über einzelne Atolle, wie z. B. über Bikini vorliegen, zeigen Terrassetten in verschiedenen Tiefen. Die Basis, von der das Riff aufgewachsen ist, ist aber auch aufgrund dieser Lotungen nicht nachweisbar. Die vielen kleinen Stufen im Außenabfall der Atolle (s. Schnitte des Pazifischen Ozeans) werden durch Abrutschungen und Detritusschüttungen hervorgerufen (FAIRBRIDGE, 1950). Es verbleibt also nur die maximale Lagunentiefe, die zwar eine gewisse Abhängigkeit von der geographischen Breite zeigt, deren Werte allein aber nur die Aussage zulassen, daß die Ansatztiefe der Riffe größer als die maximale Lagunentiefe ist. Auch über die Ansatztiefe des Urriffs auf dem darunterliegenden Fels, die durch Bohrungen sicher nachgewiesen sind — der vulkanische Kern der Atolle liegt bei der Bahama-Bank bei 4400 m, beim Eniwetoke-Atoll bei 1400 m, beim Bikini-Atoll bei 334 m, beim Funafuti-Atoll bei 339 m, bei Maratoas bei 429 m, bei Oaku bei 319 m (s. H. LOUIS, 1961) — kommt man dem Ansatzniveau des rezenten Riffs nicht näher, denn hier stellt sich die Summe aller Korallenaufwüchse, vermindert um die Abrasionsbeträge seit Entstehung des Riffs, dar. Allerdings liegen die Tiefen der heutigen Atolle alle (unter Ausklammerung der in sicher nachgewiesenen tektonischen Absenkungsgebieten wie den Molukken vorkommenden Lagunentiefen um 200 m) innerhalb der maximal möglichen Schwankungsbreite des um 100 m abgesenkten Meeresspiegels, so daß es wahrscheinlich ist, daß die warmzeitlichen Riffe in Höhe der maximalen Meeresspiegelabsenkung gekappt wurden. Dennoch wird innerhalb dieser Arbeit, wenn es sich um Korallenriffansatztiefen, die aus Atollen bestimmt wurden, handelt, immer dem angegebenen Wert ein „größer als" angefügt.

## C Die regionale Bestimmung der Korallenansatztiefen und deren möglichen Störungen

### 1. DER INDISCHE OZEAN

*1.1 Die Küsten der den Indischen Ozean begrenzenden Kontinente*

Das erste Teilgebiet ist relativ unkompliziert und eignet sich daher am besten für die Einführung. An der Indischen, Arabischen und Afrikanischen Küste findet man nur Saumriffe. Ihre Ansatztiefe beträgt max. 20 m. Da dies gerade die Tiefe ist, in der Korallen sich neu ansiedeln können, dürfte es sich hier um junge Korallenansiedlungen handeln. C. CROSSLAND (1902 und 1904) hat z. B. die Riffe um Sansibar, Pemba usw. eingehend untersucht und ihre Ansatztiefe mit 8 m angegeben. A. VOELTZKOW (1903) beschreibt für Pemba, Patta, Witu Mangrove-Sümpfe, die Korallenwuchs in unmittelbarer Nähe der Küste gar nicht aufkommen lassen, da sie Brackwasser enthalten. Möglicherweise liegt hier der Hauptgrund dafür, daß weite Strecken dieser Küsten korallenfrei sind. Ein weiterer Faktor, der Korallenwuchs an diesen Küsten gehemmt hat, scheint die häufige Windvertragung von Lateritstaub zu sein, die zu einer dichten tödlichen Abdeckung der Riffe führen kann. E. WERTH dagegen (1901) beschreibt (1953) diese Riffe, ohne sich um den Untergrund der Riffe zu kümmern, nicht als Saum- sondern als Wallriffe, obwohl A. VOELTZKOW (1903) gezeigt hatte, daß bei der Insel Patta und Manda, die WERTH in sein Wallriff einbezieht, schon in 6 bis 8 m Tiefe Kristallin ansteht, d. h. hier liegt ein Saumriff oder Krustenriff nur als flache Decke auf einer Landzunge auf. Der Werthsche Ausdruck „Wallriff" gilt also nur der Erscheinungsform. Da auch J. C. F. FRYER (1910) und F. DIXEY (1957) die Kerne außer Acht lassen und so auch wie O. PRATJE (1936), der Hebung und Senkung an den Riffen untersucht hat, von Wallriffen mit flacher Ansatztiefe sprechen, kann man auf alle Fälle zusammenfassend sagen: die die Küsten des westlichen Ozeans säumenden Korallenriffe wachsen maximal aus Tiefen von 20 m empor. Für die Saumriffe an der Küste Indiens gibt es eine Arbeit von R. B. S. SEWELL (1932), der „jung angesiedelte Flachwasserkorallen" fand, und schon J. WALTHER entwarf für einen Teil dieser Küste, die Palkstraße, 1891 eine Korallenriffkarte, die auf alle Riffe klar innerhalb der Dreifadenlinie abgebildet sind.

*1.2 Der offene Indische Ozean*

Um den küstenfernen Bereich des Indischen Ozeans haben sich vor allem die Autoren J. S. GARDINER (1901) und (1905) und G. SCHOTT (1935) bemüht.

J. S. GARDINER (1901) untersuchte die Fauna der Malediven und vermutete, daß es sich bei diesen Atollen um marine Abrasionsplatten handelt, wie es später A. KRÄMER (1927) auch innerhalb des pazifischen Raumes als Atolluntergrund vorschlägt. Er folgert aus der Tatsache, daß der Boden der Atolle kein Korallenleben mehr zeigt und daraus, daß die Bohrproben versteinerte andersgeartete Korallenkleinformen im Gegensatz zu den das heutige Riff aufbauenden Korallen erbrachte, einen ersten flachen Aufwuchs eines Korallenrasens auf der Abrasionsplattform, die in Höhe der maximalen Meeresspiegelabsenkung mit etwa 100 m gelegen haben müßte; dem Leben dieses flachen Korallenrasens sei, als die Phase des biohermalen Höhenwuchses der Korallen an den Rändern einsetzte, auf den nun abgeschlossenen Lagunenböden ein Ende gesetzt worden. Ähnliche Beobachtungen hat JUX (1960) an devonischen Riffen gemacht. Anscheinend wird der Korallenwuchs in der Lagune durch Mangel an Sauerstoff, durch Nahrungsmangel für die Korallen und durch die sehr bald einsetzende Kalkausfällung wegen der geringeren Löslichkeit von $CO_2$ in warmem Wasser unmöglich gemacht. J. S. GARDINER hat (1931) an 250 Bohrproben bis in 90 m Tiefe nachgewiesen, daß die Anzahl der versteinerten Korallenarten mit der Tiefe sehr schnell abnimmt. Daraus schließt er, daß sich auf der postulierten Abrasionsplatte die ersten neuen Korallen-Siedlungen unter recht ungünstigen Umweltbedingungen vollzogen haben müssen, so daß erst nach und nach aus Gebieten, in denen auch die anfälligen Korallenarten überdauern konnten, eine Wiederbesiedlung einsetzte.

Setzt man eine Abrasionsplatte in ∼ 110 m Tiefe voraus und stellt man eine mittlere Sedimentationsgeschwindigkeit in Lagunen in Rechnung, die bei allen Malediven etwa gleich groß war, so könnten die Lagunenböden der Malediven unter dem Äquator — sie liegen in etwa 90 m — mit den maximal möglichen Riffkorallenansatztiefen nicht nur korrespondieren, sondern sie sogar mit einem geringen Fehler wiederspiegeln. Von diesem tiefsten Lagunenboden nahe dem Äquator steigen die maximalen Tiefen der Lagunenböden wieder nach Norden bis zum Tiladumati-Atoll auf 50 m (s. Abb. 4); und auch die entsprechenden Werte der Lakkediven Inseln bis zur Direktion Bank vor der Indischen Küste steigen an.

Dieses Abnehmen der Tiefe, aus der das betreffende Korallenriff einst aufgewachsen ist, steht, so zeigen es die Profile, nicht nur nach Norden in Abhängigkeit von der geographischen Breite, auch nach Süden zeigt sich dieses Phänomen spiegelbildlich zum Äquator, wenn man die Bestimmung der Ansatztiefe vom Addu-Atoll zum Chagos Archipel verfolgt.

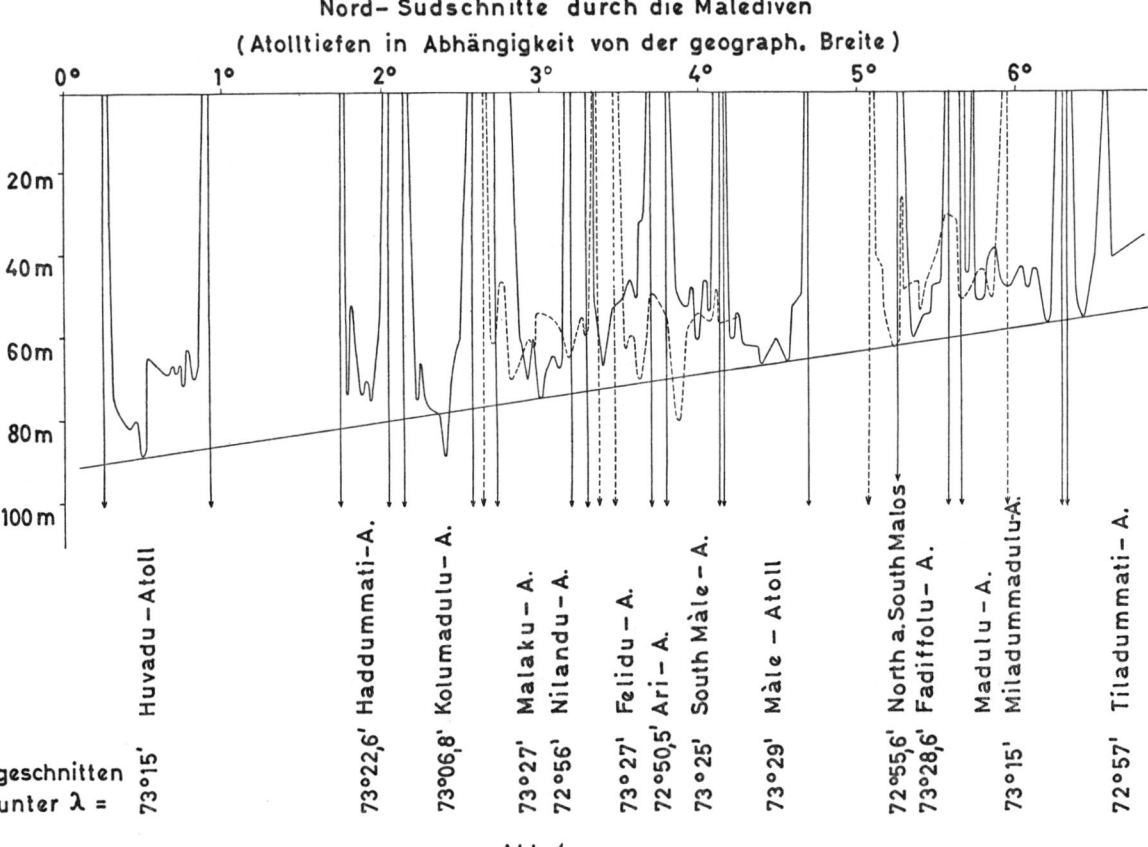

Abb. 4

Die ansteigenden Atollböden vom Äquator weg erklären sich in Übereinstimmung — mit den Bohrungen von J. S. GARDINER (1931) — sehr einfach dadurch, daß die unter zunächst schlechten Umweltbedingungen (vor allem durch noch niedrige Temperatur) aufwachsenden Korallen nur flache biostromale Rasen gebildet haben, die mit der Hebung des Meeresspiegels Schritt hielten; stiegen die Temperaturen auf für einen Normalwuchs ausreichende Werte, begann der biohermale Wuchs. Diese Abhängigkeit läßt sich, wenn man die geographische Länge zwischen dem 70. und 75. Längengrad verläßt und sich nach Westen den Korallenriffen von den Seychellen bis zum Süden Madagaskars zuwendet, weiter verfolgen. Die geringste Ansatztiefe eines Korallenriffs liegt im südlichen Bereich der ausgewerteten Riffe unter 25° südlicher Breite an der Südspitze Madagaskars; die ermittelte Ansatztiefe beträgt 40 m. Eine Besonderheit sind geringe Ansatztiefen an der Ostseite der Insel Madagaskar. Wahrscheinlich spielt hier kaltes Auftriebswasser einer erst kürzlich in 80 bis 120 m Tiefe nachgewiesenen, nach Westen verlaufenden Meeresströmung (J. A. KNAUSS, 1964), eine Rolle.

Insgesamt ergibt sich für den offenen Indischen Ozean, daß die Ansatztiefe der Korallenriffe eine Funktion der geographischen Breite ist, die ihre tiefsten Werte mit >90 m am Äquator, ihre geringsten Werte am Nord- bzw. Südrand des Korallengürtels hat.

*1.3 Die Gebiete zwischen den Andamanen und West-Sumatra*

Die gleiche Abhängigkeit zeigt sich bei den Andamanen, den Nicobaren und Riffen an der Westküste Sumatras. Auf etwa 15° n. Br. kommen Ansatztiefen um 50 m vor; dann steigen die Werte bei den Nicobaren unter 8° nördlicher Breite an auf 90 m und erreichen südlich des Äquators 100 m. Diese letzten Werte liegen etwa im Niveau der maximalen würmzeitlichen Meeresspiegelabsenkung.

*1.4 Der Sahul-Schelf*

Ganz anders verhalten sich die Korallenriffe auf dem Sahul-Schelf. Nach ihrer Anlage sind zwei Gruppen zu unterscheiden:

1.4.1 Die küstennahen Riffe

Bei den küstennahen Riffen besteht eine klare Abhängigkeit von der geographischen Breite. Die max. Ansatztiefen kommen unter 15° südlicher Breite mit etwa 100 m vor; sowohl nach Norden (unter 12° beträgt die Ansatztiefe 70 m) als auch nach Süden (bei 20° beträgt die Ansatztiefe 30 m) nehmen die Tiefen ab, wobei nach N aber in der Inselwelt der Molukken ein Senkungsgebiet einer morphologischen Auswertung die Grundlage nimmt.

1.4.2 Die Atolle, die nicht mehr auf dem Schelf stehen

Die Atolle, die in einiger Entfernung vor der Küste stehen und die in Tiefen zwischen 260 und 750 m zu wurzeln scheinen, lassen keine Aussage über die Ansatztiefe zu, da sie einerseits mit einem Steilabfall in die Tiefsee abstürzen, andererseits nur geringe Lagunentiefen zeigen. Diese von der gesamten Korallenforschung bisher am wenigsten berührten Riffe sitzen wohl Riffstafeln auf, wie schon P. W. BASSET-SMITH (1899) vermutet hat, was von R. W. FAIRBRIDGE und C. TEICHERT (1948) bestätigt wurde, deren Einzelfelder sich bis heute absenken. Da für dieses Gebiet weder Bohrungen noch Untersuchungen mit Explosionswellen und deren Reflexion am Untergrund angestellt worden sind, bleibt es offen, ob es sich bei den Atollen um kontinuierlich mit der Absenkung des Bodens schritthaltende, aufwachsende Riffe handelt, oder ob ein gewisser Stockwerkaufbau vorhanden ist, von dessen oberer Plattform das Riff zum heutigen Niveau aufgewachsen ist.

*1.5 Die Binnemeere*

Die beiden Binnenmeere, Persischer Golf und Rotes Meer, werden wegen ihrer großen tektonischen Störungen bzw. wahrscheinlichen Aussüßung während des Pleistozäns in einer gesonderten Arbeit mit anderen Methoden behandelt.
Da die Riffe dieser beiden Binnenmeere wegen ihrer sehr geringen Ansatztiefe auch keine Rolle für die Auswertung spielen, kann man sie hier vernachlässigen.

## 2. DAS SÜDCHINESISCHE MEER MIT SULU- UND CELEBES-SEE

Teile dieses Gebietes sind mit Vorsicht auszuwerten, da die Westregion starken vulkanischen Erscheinungen ausgesetzt ist. Die Seekarten warnen hier alle Schiffe, sich auf die gedruckten Angaben zu verlassen. Viele dieser jungvulkanischen Erhebungen sinken schon, bald nachdem sie erlotet wurden, wegen ihres großen spezifischen Gewichts wieder in den Boden zurück. Damit treten, wie G. A. F. MOLENGRAAFF (1916) nachwies, größere Krustenbewegungen auf, die die Ergebnisse dieser Untersuchung stören. Dennoch lassen sich die Korallenansatztiefen im Hauptbecken und am Ostrand des Meeres gut bestimmen. Von Norden nach Süden gegliedert, ergibt sich folgendes Bild:

Von der Südspitze Formosas ausgehend zieht die warme Kuro-Schio-Strömung nach Nordosten auf die japanischen Inseln zu, die Korallenriffe bis zu 20 m Ansatztiefe besitzen; sie werden in der Übersicht des Pazifischen Ozeans behandelt. Dieser warme Strom muß auch schon in früheren Jahrtausenden in gleicher Richtung geflossen sein, denn mikropaläontologische Untersuchungen an Bohrkernen durch S. HANZAWA (1940) zeigen hier eine Mikrofauna, die eigentlich weiter südlich beheimatet ist und durch die Strömung nach Norden verdriftet worden ist. Westlich von Taiwan zeigt eine Ansatztiefe von 39 m die Auswirkung dieser warmen Strömung, während im Strömungsschatten der Insel nur 27 m ermittelt wurden. Für die im sonstigen Süd-Chinesischen Meer auftretenden Ansatztiefen gelten zwei Abhängigkeiten:

Einmal tritt eine links drehende Kreisströmung auf, wie bei allen vom Haupt-Ozean abgegrenzten Meeren der Nordhalbkugel. Sie verwehrt der warmen Kuro-

Schio-Strömung den Eintritt in das Chinesische Meer. Daher treten auf 21° nördlicher Breite geringere Ansatztiefen als 20 m auf und, je weiter man nach Süden geht, desto größer wird die Korallenansatztiefe. Eine mit 96 m unter 16° liegende Bank bildet einen singulären Punkt, für sie ist auch nicht eindeutig feststellbar, ob es sich um ein Korallenriff handelt! Die benachbarten Korallenriffe zeigen 66 bis 73 m Ansatztiefen. Läßt man die eine Tiefenangabe als Besonderheit stehen, so nehmen die maximalen Ansatztiefen von Norden nach Süden weiter zu bis in eine Region, die auf 7° an der Nordwestküste Borneos liegt und mit 110 m ein Gebiet tiefster Ansatztiefe markiert.

Nimmt man das Korallengebiet der Sulu-See, das sich durch Ansatz-Niveaus zwischen 100 und 110 m klar abzeichnet, und den Nordwestrand des Beckens der Celebes-See hinzu und trägt die Tiefen der Aufsatzflächen über der geographischen Breite auf, so zeigt sich, daß sie nach Süden immer weiter absinken. Sie erreichen auf 6° ihr Maximum mit 120 m, der tiefsten, ohne Absenkung des Gebietes erklärbaren Siedlungsfläche. Diese Korallen stehen in enger Verbindung mit den in 110 m Tiefe angesiedelten Riffen der Markassar-Straße, der oben behandelten Borneo-Celebes-Region. Es handelt sich hier wohl, auch wenn die Celebes-See als Beweis ausfällt, um ein großes Gebiet tiefster Riffansätze zwischen 11° nördlicher und 6° südlicher Breite. Betrachtet man das Diagramm der Korallenansatztiefe über der geographischen Breite für dieses Gebiet allein, so scheint die oben gemachte Aussage widersprüchlich, denn von 6° nördlicher Breite an werden die Ansatztiefen wieder geringer. Das liegt daran, daß der Meeresboden des Süd-Chinesischen Meeres sich an dieser Stelle stark zu der Platte, die vom Golf von Siam bis zur Java-See reicht, emporschwingt.

Da der Meeresspiegel zur Zeit des Hochwürms etwa 100 m tiefer lag als heute, so war dieses ganze Gebiet während des Maximalstandes der Vereisung trocken.

## 3. DAS GROSSE BARRIERE-RIFF

Schon bei oberflächlicher Betrachtung dieses aus vielen Inseln, Atollen, Bänken und langgezogenen Riffen bestehenden Gebietes zwischen etwa 24° und 10° südlicher Breite entlang der Nord-Ost-Küste Australiens fällt auf, daß sich die Kontur des Außenriffs nicht überall in gleichem Abstand von der Küstenlinie hält, obwohl man das bei dem gleichmäßigen Abfall des Schelfes erwarten könnte; vielmehr schwingt der Rand des Riffs in eigener Gesetzmäßigkeit zur Küste. Die Nord- und Südausläufer scheinen sich überhaupt von der Anlehnung an den australischen Block trennen zu wollen. Diese Divergenz der Enden des Riffs versuchen W. E. J. PARADICE und Ch. M. SURGEON (1928) durch Strömungen zu erklären:

Im Norden ist die Strömung in der Torres-Straße ziemlich groß, im Süden sei es der Einfluß des Fitzroy River, der durch sein Süßwasser und die mitgeführten Sinkstoffe das Gebiet nahe dem Festland so brackig mache, daß die Korallen nach außen verdrängt wurden. Nun kann man aber das Biotop der Korallen nicht einfach ändern und sie in tieferen Wassern ansiedeln, um dem Brackwasser auszuweichen. Für diese Erklärung müßte einmal ein enorm weit in das Meer hinausgeschobenes gleich tiefes Plateau vorhanden sein, auf dem sich die Korallen im gleichen Niveau wieder ansiedeln könnten, zum anderen müßte die Strömung an der australischen Ostküste von Süd nach Nord gehen, um das Brackwasser in die Gegend des heutigen Swain Reefs zu bringen, wenn der Fitzroy verantwortlich sein soll. Die taillenartige Einschnürung des Großen Barriere-Riffs etwa zwischen 13° und 19° südlicher Breite und die Streuung am Südende überrascht besonders, weil gerade in dieser Richtung die Temperatur des Meereswassers abnimmt und damit die Wuchskraft der Korallen. Gerade hier müßten also Schnitte interessante Aufschlüsse geben über die Beschaffenheit und den Ansatz der Riffe. Zunächst standen aber nur die älteren britischen Seekarten vom Barriere-Riff zur Verfügung, die nur wenige Innenangaben und gar keine Außenangaben für das Riff lieferten. Erst nachdem diese britischen Seekarten in den Jahren nach 1963 neu aufgelegt wurden und dann später bis zur Zeit der Zusammenfassung dieser Arbeit die australischen Seekarten das Innenriff so gut beschrieben, daß man vom Küstenabfall auf das Außenriff schließen konnte, wurden Aussagen möglich.

Den südlichen Teil des Barriere-Riffs beschreibt die australische Seekarte Nr. 161. Das Blatt fängt unter 25° 20' an und bildet so auch noch die Nordspitze von Fraser Island ab. Als Bestätigung, daß es sich nicht auch noch um einen Ausläufer des heutigen Riffs nach Süden handelt, ist auf dem sich nach Norden erstreckenden Sporn „Sand and dead coral" eingetragen. Von diesem Punkt an wurden für das Große Barriere-Riff, da dieses längste zusammenhängende Riff der Erde sich für eine besonders lückenlose Auswertung anbietet, aus allen verfügbaren Karten und durch jedes markierte Riff, Schnitte in der Art, wie es Abb. 5 zeigt, gelegt. Mehrere nicht verzeichnete Riffe, wie der erst emporwachsende Morinda Shoul wurden über die Hangberechnung in der Auswertung einbezogen (1928 wurde er in 5 m Tiefe entdeckt und, mit Korallenriffbewohnern besetzt, in dem „Report of the Great Barriere Reef", beschrieben).

Aus je 10, im Norden aus je 15 Schnitten wurden dann ein bis zwei besonders typische, die den Mittelwert des zu beschreibenden Gebietes wiedergeben, für diese Arbeit verwendet.

Zunächst wurde, wie schon oben erwähnt, versucht, allein aus der Unstetigkeit im Außenriff Schlüsse auf die Ansatztiefe zu ziehen. Man erhielt mit dieser Methode Ansatztiefen bis zu 71 m. Durch genauere Profile, die auch den inneren Küstenabfall in die Messung einbezogen, und durch Mittelwertbildung erhält man aber in den Schnitten 55 bis 62 Tiefen von 77 m. Die Differenz ist zwar nicht besonders groß. Dennoch sollten solche methodischen Fehler möglichst klein gehalten

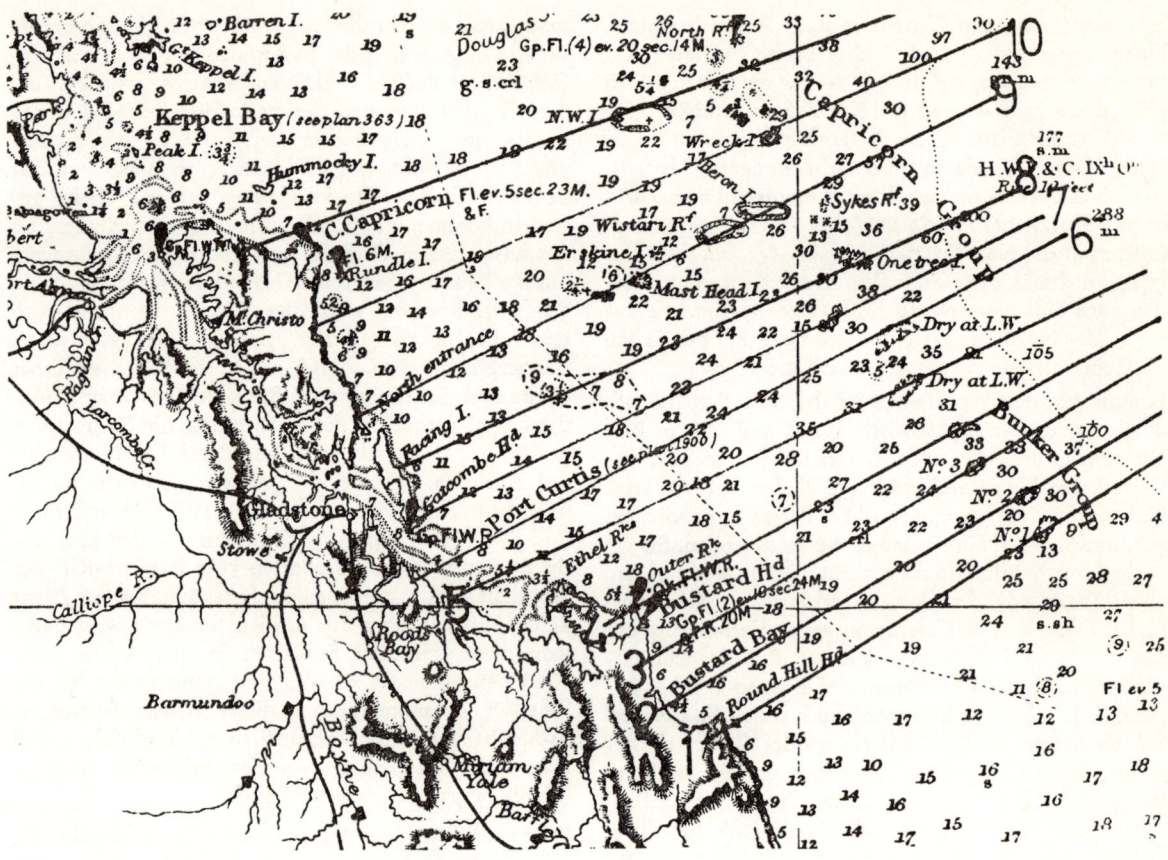

Abb. 5

werden, da sie sich, durch Unachtsamkeit einmal eingeschleppt, durch die ganze Auswertung ziehen. Sie verstärken oder schwächen die Bestimmungen ab und sind durch keine Fehlerdiskussion wieder zu entfernen. Abgesehen davon gibt es gerade für das Große Barriere-Riff zu wenig Außenlotungen, um sie über das ganze Riff gleichmäßig auswerten zu können. C. M. YONGE: „We may wish, we had more about the other slopes of the outer barriere".

Ein anderer, für diese Region möglicher Fehler liegt in den Krustenbewegungen. Wenn man das ganze Gebiet absenkt, wie es T. C. ROUGHLEY (1947) annimmt, oder hebt, muß sich ein Fehlbetrag für die Auswertung ergeben. Durch viele Literaturstellen kann man für das Große Barriere-Riff eine einheitliche Krustenbewegung ausschließen. Abgesehen von den Arbeiten über die Tektonik des gesamten Riffbezirks, wie denen von C. A. COTTON (1949), H. HAHN (1950) und H. G. RICHARDS (1939), gibt es auch eine Anzahl von Arbeiten über einzelne Bewegungen innerhalb des Riffs. So wies A. W. BEASLEY (1947) ein ruckweises Absinken bei Southport um 3 m seit dem Pleistozän nach. Hebungen sind sicher südlich des Großen Barriere-Riffs bei Sydney durch X. Tindale (1947) und nördlich bei Point Brown durch R. L. CROCKER (1946) und bei Point Lonsdale durch E. D. GILL (1948) bewiesen. Folglich ist eine Auswertung dieses Gebietes besonders interessant, müssen sich doch die einzelnen Krustenbewegungen in einer Schwingung der Ansatztiefen widerspiegeln.

Geht man gradweise von Süden nach Norden, so ergeben sich durch die Schnitte folgende Aussagen:

Das Riff setzt unter 25° mit Ansatztiefen von 41 bis 58 m an. Bis zum südlichen Wendekreis sinken sie auf 68 m ab. Dann erfolgt ein Sprung zu den Swain Reefs zwischen 22° und 21°, die Tiefen zwischen 120 und 127 m aufweisen.

Unter 20° ist die Ansatztiefe auf 80 m abgesunken. Bei 19° sind 87 m ermittelt. Zwischen diesen beiden Punkten zeigen die Tiefen von 68 m eine leichte Hebung. Auch nördlich der 87 m Ansatztiefe tritt eine Hebung von 72 zu 55 m auf, die allmählich über einen 63, 67 zu einem 77 m Wert abnimmt. Verfolgt man diese Schwingungen über das ganze Riff, so ergibt sich zweierlei: (vgl. Abb. 6)

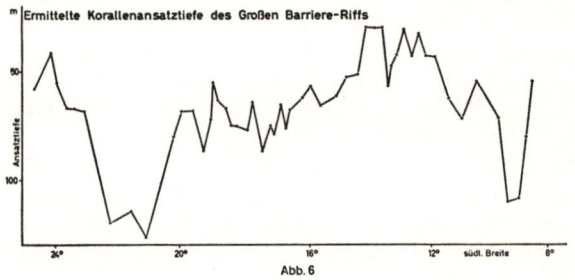

Abb. 6

1. Das Alternieren von Hebungs- und Senkungsgebieten ist ungleichförmig und aperiodisch.

2. Ob man die Maxima oder Minima der ermittelten maximalen Ansatztiefen miteinander verbindet, es ergeben sich zwei Kurven, die beide nur eine Ausdehnung zulassen: In dem abgebildeten Bereich gibt es zwei Gebiete tiefsten Korallenansatzes. Einer liegt etwa unter 21°, ein anderer unter 9° südlicher Breite.

Der wichtigste Unterschied zum Indischen Ozean und dem Süd-Chinesischen Meer besteht darin, daß in der Nähe des Wendekreises ein weiteres Refugialgebiet auftritt. Im Äquatorialen Bereich bleiben die Verhältnisse gleich. Beim Großen Barriere-Riff herrschen offenbar unter 21° südlicher Breite während der maximalen Abkühlung für die Korallenriffe gerade noch erträgliche Temperaturen, zwischen 9° und 21° s. Br. könnte der Korallenwuchs stark von Süßwasserschüttungen des Kontinents gestört worden sein. Beim Nachlassen der Niederschläge breiten sich dann die Korallen mit der Aussalzung der küstennahen Gebiete nach Norden und Süden aus. Das äquatornahe Gebiet unter 9° liegt bereits in größerer Entfernung vom Kontinent außerhalb des Einflußbereiches der Gebirge und wird überdies durch die Umkehr der vom offenen pazifischen Ozean kommenden salzigen Meeresströmungen (die Torres-Straße war landfest) begünstigt. Die Vermutung von J. A. STEERS (1929 und 1937), T. W. VAUGHAN (1916) und R. A. DALY (1915), daß am Großen Barriere-Riff alle Korallen während des Pleistozäns ausgestorben waren, bestätigt sich also nicht. Auch aus den Bohrungen in Queensland, auf Michaelmas Cay oder auf Heron Island (H. C. RICHARDS, 1940) läßt sich ein generelles Absterben der Riffe nicht ableiten, da bis 200 m Tiefe nur Korallenmaterial erbohrt wurde. Daß in etwa 130 m Tiefe 1926 bei Bohrungen auf Michaelmas Cay und 1937 auf Heron Island tertiäre Sande gefunden wurden, läßt sich andererseits gut mit einer Besiedlung zur Zeit niedrigen Meeresspiegels vereinbaren. Man kommt daher heute wieder zu der Annahme BEETE JUKES (1847) zurück, daß es sich beim Großen Barriere-Riff um einen den ganzen Küstenabhang bedeckenden Korallenmantel handelt (er ist von einzelnen Introsiva durchschossen) und nicht um — nur als Kappen auf dem Felsenuntergrund — aufgesetzte Riffe, wie es F. JARDINE (1925) oder T. W. DAVID (1904) darstellen (vgl. Abb. 7).

### GEOLOGISCHE SCHNITTE DURCH DAS GROSSE BARRIERE-RIFF

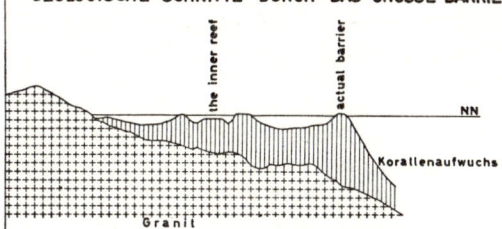
Beete Jukes     von H.M.S.Fly 1843-1847

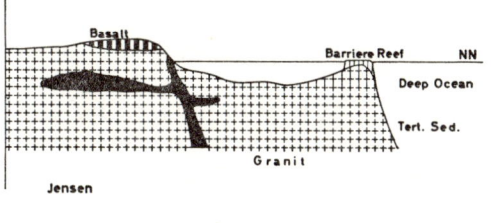
Jensen

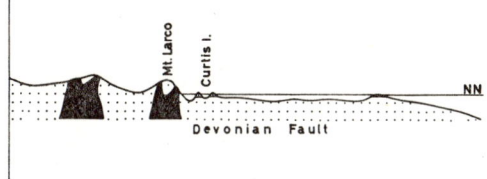
Jardine 1925

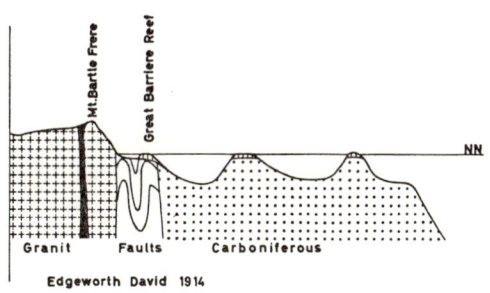
Edgeworth David 1914

Abb. 7

### 4. DER PAZIFISCHE OZEAN

Die Literatur über die Korallenriffe incl. Atolle im Pazifischen Ozean (dies ist aus etwa 100 Jahren, seit Ch. DARWIN 1836 seine bis heute im Streit stehende Theorie über die Entstehung der Atolle veröffentlichte, nicht wenig), bietet Angaben über alles, was man auch nur belegen wollte. Senkungen und Hebungen z. T. der gleichen Insel, auftauchende und versinkende Vulkane mit Riffkronen (R. W. FAIRBRIDGE, 1950), durch und durch aus Korallen gebildete Atolle (T. F. GRIMSDALE, 1952, und M. B. DOBRIN, 1946), Saumriffe, die nur auf Antiklinen, und Atolle, die nur auf Synklinen entstanden haben sollten (G. A. F. MOLENGRAAFF, 1921), Guyots mit Aufwüchsen (MILTON, 1957), alte ertrunkene Inseln (HESS, 1946), marine Terrassen jeden Alters als Aufwuchs-Niveau für Korallen (T. Y. A. MA, 1957, H. W. MENARD, 1962, und A. C. TESTER, 1948), sowie abgestorbene Korallenriffe (H. T. STEARNS, 1945), und selbst Riffe, die, da sie schon über längere Zeiträume abgestorben, dennoch weiter existieren, als Küstenfelsen (K. O. EMERY, 1956) bezeichnet werden, treten im Schrifttum auf.

Ähnlich ergeht es mit den Bohrungen.

Alles, was C. G. CULLIS (1904), T. W. DAVID (1904), T. F. GRIMSDALE (1952), G. J. HINDE (1904), P. H. KUENEN (1947), H. S. LADD (1950, 1953 und 1960) über die Bohrung auf Funafuti, M. B.

DOBRIN (1946), K. O. EMERY, J. TRACY und H. S. LADD (1954) über die Bohrung auf Bikini, P. H. KUENEN (1947) über die Bohrung auf Maratoea und H. S. LADD (1953, 1960) über die Bohrung auf Eniwetok an Aussagen machten, kann man mit C. CROSSLAND (1931) folgendermaßen kennzeichnen: „As for borings it seams to be proved, that everyone, who bores into an coral reef, receives a surprise".

Tatsächlich ist eine Unmenge Ergebnisse erarbeitet worden; dennoch ergab sich daraus keine Aussage, die dieser Arbeit weiterhelfen könnte: An keinem der Bohrkerne konnte man Stillstandsphasen und rasches Höhenwachstum abgrenzen und genau datieren. Nirgendwo kam eine Gliederung der Riffabschnitte für das Pleistozän, oder auch nur ein Anhalt dafür, wo das Postwürm ansetzt, heraus.

Man konnte zwar, wie es R. W. FAIRBRIDGE (1950) beschreibt, Stillstandsphasen im Wuchs des fossilen Riffs durch die Konzentration des Magnesiumkarbonats von Phasen üppigen Wachstums unterscheiden — Magnesiumkarbonat reichert sich in Stillstandsphasen durch Austausch stärker an — es gelang jedoch keine Datierung oder Parallelisierung mit bekannten Klimaschwankungen. Überdies ergaben die Untersuchungen selbst bei dicht beieinander liegenden Bohrungen sehr unterschiedliche Ergebnisse.

Trotz der Widersprüche in der Literatur und obwohl bei einem solch großen Raum regionale Zufälligkeiten eines jeden Prozesses sich auf die Gesamtauswertung auswirken müssen, wurde eine Untersuchung der maximalen Atolltiefen des Pazifischen Ozeans ausgeführt, ähnlich wie sie H. YABE (1937) an einer Anzahl Südseeatollen, allerdings an damals unzureichendem Kartenmaterial, vorgenommen hatte.

Da die Ermittlung der maximalen Lagunentiefen — es darf sich nicht um singuläre Punkte, sondern muß sich wirklich um tiefste Flächen handeln — mit einem Fehler behaftet ist, wie schon bei der Darstellung der Malediven erörtert wurde, suchte ich zu Karten zu kommen, die den Außenabfall einiger Atolle möglichst gut wiedergaben. Es gab sie in genügender Genauigkeit nur für die Marshall-Inseln und hier vor allem für Bikini und die umliegenden Atolle durch eine Arbeit von K. O. EMERY, J. J. TRACEY und H. S. LADD 1954). Leider war eine Auswertung der Gefälleknicke im Außenabfall der Atolle nicht möglich, da sich in ihnen in erster Linie nicht neue Aufwuchs-Niveaus der jungen Riffe, sondern Abrutschungen einzelner Korallenpartien abbildeten. Auf diese Verhältnisse hat R. W. FAIRBRIDGE (1950) in einer umfangreichen Arbeit über die Evolution von Atollen hingewiesen. Durch die Rutschungen am Außenabfall nehmen die Atolle mehr und mehr die Form eines Malteserkreuzes an.

Es blieben also nur die maximalen Lagunentiefen für diese Auswertung. Die Ergebnisse sind im Anschluß an die Schnitte für den Pazifischen Ozean in einer Karte dargestellt.

Die Übersicht zeigt drei Signaturen, die gesperrt eingetragen sind:

1. Zahlen geben die ermittelte max. Lagunentiefe der Atolle oder die ermittelte Riffansatztiefe wieder.
2. Ein großes „S": es gibt an, daß in diesem Bereich nur Saumriffe existieren, sie werden häufig mit den Flachwasseransatztiefen jung sich ansiedelnder Riffe bis in eine maximale Tiefe von 20 m gemeinsam dargestellt.
3. Die Angabe „o" bedeutet, es existieren an diesem Ort keine Korallen, oder die Seekarten geben keine Auskunft über das Gebiet.

Auf den ersten Blick scheint die Übersicht ohne einheitliche Ausage zu sein. Man bemerkt verstreut auf der Südhalbkugel Bereiche wie die Tonga-Inseln, die Fidschi-Inseln, die Neuen Hebriden und die Santa Cruz-Inseln mit Ansatztiefen größer als 100 m zwischen 12° und 20° südlicher Breite. Man sieht, daß die Ansatztiefen zum Äquator hin abnehmen, um nach Norden wieder bis unter 8° nördlicher Breite auf 80 m zuzunehmen und dann endgültig in der Ansatztiefe gegen die nördliche Grenze der Korallenverbreitung bis zu Saumriffen kleiner zu werden. Man kann ablesen, daß auch eine Zunahme der Korallenansatztiefen von Osten nach Westen vorhanden ist. Unter einem bestimmten Aspekt jedoch, nämlich dem der Meeresoberflächenströmungen dieses Ozeans, bilden sich die Korallenansatztiefen regelhaft ab.

Die Beschreibung der Erscheinungen im Pazifischen Ozean soll daher den Meeresströmungen folgen.

Da ist zunächst die Süd-Passat-Drift, die von der korallenfreien Küste Ecuadors kommend sehr viel kaltes Auftriebwasser von der Küste her mitbringt, sie trifft auf die Sporaden, die nur Saumriffe besitzen. Da die Saumriffe sich bis zur Howland-Insel unter 176° westlicher Länge hinziehen, fällt der 45-m-Ansatz bei der Insel Wallis besonders auf; M. F. DOUMENGE (1962), der Beobachtungen an diesen Korallen vorgenommen hat, ist der Meinung, daß es hier auch nur Flachwasserriffe gibt, so daß der in dieser Arbeit ermittelte 45-m-Wert evtl. tote Riffe getroffen hat. Verfolgt man die südliche Passat-Drift weiter, gelangt man zu den Gilbert-Inseln. Hier hatte der Kaltwasserstrom sich durch Einstrahlung offenbar bei einer Ansatztiefe von 27 m bereits so weit erwärmt, daß er Riffbildung zuließ. Je weiter der Strom nach Westen kommt, desto früher hatte er sich erwärmt, und so findet man für das Helen-Riff unter 141° östlicher Länge 65 m als maximale Ansatztiefe.

Verfolgt man von etwa 130° östlicher Länge kommend den äquatorialen Gegenstrom, so nehmen von den Palau-Inseln, die C. SEMPER (1863) untersucht hat, mit 55 m, über die Magulu-Inseln mit 64 m und die Woleai-Insel mit 69 m die Ansatztiefen infolge immer früherer Erwärmung des Stromes zu. Auch an den Karolinen und endlich an den Marshal-Inseln ist das nachweisbar, während die südlichen Atolle dieser Gruppen geringere Ansatztiefen (bis zu 45 m), wahrscheinlich unter dem Einfluß der südlichen Passat-Drift, zeigen. Je weiter man nach Westen kommt, desto größere Bedeutung besaß offenbar die ungleich kältere Süd-Passat-Drift, so daß selbst bei den nördlichen Zentral-Polynesischen Sporaden nur Saumriffe nachweisbar sind.

Verfolgt man jetzt wieder von Osten nach Westen die nördliche Passat-Drift in der Strömungsrichtung und ihre Ausläufer zu den Hawaii-Inseln, so kann man eine ähnliche Abfolge der Ansatztiefen wie für die südliche Passat-Drift feststellen. Unter 155° westlicher Länge, also bei den südlichen Hauptinseln der Hawaii-Gruppe bis unter 170° westlicher Länge, treten nur Saumriffe auf, die z. T. gerade noch im Existenzminimum leben, K. O. EMERY (1956). Auch das ist wieder der kalten vom amerikanischen Kontinent kommenden Küstenquellströmung zuzuschreiben. Erst da, wo diese Strömung im nördlichen Bereich der Hawaii-Inseln ein wenig aufgeheizt ist, treten Riffe mit Ansatztiefen bis 16 m auf. Sie könnte man auch noch unter den Sammelbegriff Saumriffe nehmen. Folgt man der Hauptströmung der nördlichen Passat-Drift weiter durch die Marshall-Inseln nach Westen, so spiegelt sich in den 57 bis 59 m-Ansätzen wieder die frühere Erwärmung des Stromes. Der Wert von 20 m unter 146° östlicher Länge bei den Marianen scheint in Hinsicht auf die sich weiter erwärmende Strömung zu gering. Für die nordöstlich sich anschließenden Japanischen Inseln mit Ansatzniveaus bis 20 m gilt das schon bei der Erörterung des Süd-Chinesischen Meeres Gesagte; diese großen Ansatztiefen unter relativ hoher geographischer Breite zeigen die Erwärmung der Gebiete durch die Kuro-Chio-Strömung an. Damit wäre der Versuch gemacht, die Ansatztiefen des nördlichen Pazifischen Ozeans durch seine in der Vergangenheit zwar im Prinzip gleichlaufenden, aber stark abgekühlten Hauptströme und ihre mit dem Steigen des Meeresspiegels vor sich gehende Erwärmung zu klären.

Auf der Südhalbkugel dominiert die südliche Süd-Passat-Drift. Auch sie besteht zunächst aus an der Küste Süd-Amerikas aufquellendem kaltem Tiefwasser und läßt heute zuerst unter 170° westlicher Länge Saumriffe zu. Erst durch weitere Erwärmung kommt die 36 m-Ansatztiefe der Phönix-Inseln und der 18 m-Wert der südlichen Gilbert-Inseln zustande. Werden die immer langsamer fließenden Zweigströme der Süd-Passat-Drift nach Südwesten abgelenkt und umgebogen, so stellen sie für die Gebiete, in die sie nun hineinfließen, warme Meeresströmungen dar. So ist es nicht verwunderlich, daß im Mittel- und Südteil des Tuamoto Archipels die Ansatztiefen von 59 und 60 m auftreten. Südöstlich davon liegen die Pitcairn-, die Oeno-, die Henderson- und die Ducie-Insel bereits im Einflußbereich der kalten Küstenströmung Süd-Amerikas, so daß sich dort nur die heutigen Saumriffe ausbilden konnten. Die Existenz eines Ausläufers der südlichen Passat-Drift, die von der Küste Chiles kommend auf den Tuamoto-Archipel stößt, ist durch T. HEYERDAHLS (1950) Reise mit dem Floß Kontiki auf abenteuerliche Weise bestätigt worden. G. RANSON (1954) hat bei der Bearbeitung des Tuamoto-Archipels auf die Vielfalt der Korallenerscheinungen hingewiesen, so daß es auch hier nicht weiter verwunderlich erscheint, daß eine Schwingungsbreite der maximalen Lagunentiefe zwischen 25 und 60 m auftritt. Bearbeiter wie z. B. N. D. NEWELL (1954 und 1956) betrachten die Lagunen der Koralleninseln und ihre Tiefe als zufällig. Unter 150° westlicher Länge zeigt sich wieder die gleiche Abfolge von den Saumriffen um die Vostok-, Flint- und Karoline-Insel zu der 80 m-Ansatztiefe in den Gesellschaftsinseln und den Saumriffen der Cook- und Tubuai-Inseln. Nimmt man die Tongareva-Insel mit der Ansatztiefe von 50 m einmal als Besonderheit aus und folgt der weiteren Zweigströmung, die die südliche Passat-Drift unter etwa 145° westlicher Länge verläßt, so erhält man zunächst eine Ansatztiefe von 35 m bei der Danger-Insel, 36 m für die Samoa-Inseln und 117 m für die Tonga-Inseln. Die Tonga-Inseln zeigen somit die größten Ansatztiefen. Weiter südlich schließen sich die Kermadec-Inseln mit Saumriffen an; sie liegen schon nahe den Kaltwasserströmungen, die durch die Westwind-Drift hervorgerufen werden. Auch die Stromabzweigung unter 160° westlicher Länge zeigt die gleichen Erscheinungen.

Es ergaben sich 80 m Ansatztiefe für die Tokelau-Insel und bis zu 121 m für die Fitschi-Inseln, so daß J. D. DANAS (1849) Auffassung, daß dieses Gebiet als gehoben betrachtet werden müsse, unwahrscheinlich ist. Eine weitere Stromumbiegung führt über die Ellice-Inseln mit 28 bis 40 m Ansatztiefe zu den Neuen Hebriden mit Ansatztiefen bis 140 m, und nach Neu Kaledonien mit >90 m-Ansatztiefe. Ein weiteres Gebiet großer Ansatztiefen sind die Santa-Cruz-Inseln mit 117 m. Die letzte, nach Südwesten mögliche Abbiegung des nun sehr warmen Hauptstromes gestattet Ansatztiefen bis zu >91 m in den Salomonen. Die dann bis auf 70 m ansteigende Basis südlich des Westzipfels von Neu-Guinea könnte einen Süßwassereinfluß der Insel anzeigen.

Diese relativ einfache Deutung des Materials durch die Strömungsverhältnisse im Pazifischen Ozean, deren Lagen und Richtungskonstanz bei starker (eiszeitlicher) Abkühlung und späterer bis nacheiszeitlicher Erwärmung bedeutet natürlich eine starke Generalisierung der gegebenen Tatsachen und enthält alle Gefahren einer theoretischen Ausdeutung. Es erscheint mir jedoch beachtenswert, daß eine so klare Koinzidenz nachweisbar und damit die Möglichkeit eines Kausalzusammenhanges gegeben ist.

## 5. DER GOLF VON MEXIKO UND DIE KARIBISCHE SEE

Aus dem Korallenansiedlungsraum zwischen 10° und 33° nördlicher Breite und 60° und 95° westlicher Länge sind schon Korallen mit Algen und Schwämmen des Paläozoikums bekannt. Es untersuchten STAFFORD (1959) das Horseshoe Atoll in Texas aus dem Oberkarbon und J. E. ADAM (1950) und N. D. NEWELL (1955) den permischen Riffkomplex des Capitan-Barriere-Riffs zwischen Texas und Neu-Mexiko.

Heute ist der gesamte Nordbereich des Golfs von Mexiko korallenfrei, da der sehr viel Süßwasser schüttende Mississippi Korallenwuchs nicht zuläßt.

Die heutigen Korallenregionen befinden sich hauptsächlich auf der Schwelle zwischen den beiden Becken Golf von Mexiko und Karibisches Meer und an ihrer Grenze zum Atlantischen Ozean. Folgt man der südlichen Passat-Drift, die vom Äquator kommend, an der Küste Süd-Amerikas nach Nordwesten umgelenkt, die Kleinen Antillen trifft, so findet man noch in Landnähe, gerade außerhalb des Schüttungsbereiches der großen Ströme wie des Orinoco, Saumriffe (W. M. DAVIS, 1926). Es zeigen sich Ansatztiefen von 30 m bis max. 66 m. J. A. STEERS (1940), der die Korallenriffe Jamaikas untersuchte, wunderte sich darüber, daß die vielen stark florierenden Korallenriffe nicht zu einer einheitlichen Barriere wie beim Großen Australischen Riff zusammengewachsen sind:

Möglicherweise handelt es sich bei den Toren zwischen den Riffen um Erosionsrinnen pluvialzeitlicher Flüsse, die, da sie heute in zu großer Tiefe liegen, nicht mehr zuwachsen können. Es läge damit eine Analogie zu den von P. H. KUENEN (1947) beschriebenen Canyons des Sunda-Schelfs vor.

Die beiden Stromabbiegungen der südlichen Passat-Drift im Karibischen Meer in Richtung Südwesten treffen einmal auf die Mosquito-Küste und fließen zum anderen in den Golf von Honduras hinein. Die Ansatztiefen liegen zwischen 35 und 45 m. P. R. STODDARD (1962) beschreibt drei karibische Atolle an der Küste von British Honduras.

Im Golf von Mexiko zeigt sich für die nördlich der Halbinsel Yucatan liegenden Riffe eine Ansatztiefe zwischen 105 und 110 m. Das entspricht überraschend den Verhältnissen am Südende des Großen Barriere-Riffs, wo ebenfalls weit gegen den Pol vorgeschobene Riffe während des Meeresspiegel-Tiefstandes persistierten. Südwestlich dieser maximalen Ansatztiefen an der Westküste Yucatans, nehmen die Ansatztiefen von 90 über 80 bis 55 m ab. An der Küste Mexikos entlang tritt eine einzelne Ansatztiefe von 38 m an einem Riff in der Nähe von Vera Cruz auf.

Die Korallenriffe der Halbinsel Florida wurzeln meist nur in Tiefen bis zu 11 m. Für den Inselsporn, der von Florida ausgehend bei Key West endet, wurden die Profile 1 und 2 von der Küste Floridas über eine tiefergelegene Bucht im Südwesten durch die Korallenriffe in die Straße von Florida geführt. Dabei ergaben sich Ansatztiefen zwischen 53 und 65 m. Eine Bohrung, die bei Key West südlich von Florida niedergebracht wurde — sie ist beschrieben in den „Reports of the Great Barrier Reff Committee", Band 3 — gibt bis zu einer Tiefe von 105 feet also etwa 34 m „Reef rock", d. h. Korallenmaterial an. Darunter folgt weicher, weißer Kalkstein bis in 50 m Tiefe, dann 1 m harter weißer Kalkstein; bis zu einer Tiefe von 58 m Kalkstein mit Quarzsand und darunter reiner Quarzsand.

Die meisten Beobachtungen beziehen sich auf die oberen, flach auf alten Kalkplatten angesiedelten Korallen. Diese Plattformen liegen in einer Tiefe von durchschnittlich 10 m; es kommen aber auch Stellen vor, an denen Riffe aus einer Tiefe von mehr als 33 m aufgewachsen sind.

Verläßt man den Golf von Mexiko und die Karibische See, so bleiben zwei Korallengebiete übrig. Dies sind einmal der Außenabfall der Antillen zum Atlantischen Ozean und zum anderen die Riffe der Bermuda-Inseln.

Für die Bermuda-Inseln gibt es eine Bohrung, die von L. V. PIRSSON (1914) beschrieben, dann aber durch A. GUILCHER (1958 und 1964) eingehender ausgewertet wurde. Danach steht fest, daß das Bermuda-Atoll auf einer Plattform von verwittertem Fels in einer Tiefe von 76 m aufsitzt. Der in dieser Arbeit ermittelte Wert der Ansatztiefen zeigt maximal 35 m, das könnte mit der großen Bedeutung der Hurricans zusammenhängen, die die Lagunen stark mit Riffdetritus aufgefüllt und so einen ebenen Boden erzeugt haben, oder aber damit, daß das heutige Riff einem älteren Riff aufsitzt. Jedenfalls haben aber auf den Bermudas Riffe auch ausweislich des Bohrbefundes letzteiszeitlich nicht persistiert. Die Arbeiten zur Geologie der Bermuda-Inseln, angefangen von J. J. REIN (1870 und 1881), bis zu neueren amerikanischen Arbeiten, beschäftigen sich mit der Erosion und der Morphologie und den Schichtfolgen der oberen Meter, wie sie etwa beim Brunnenbau freigelegt werden.

Die mehr zoologische Zusammenfassung des gesamten westindischen Archipels, so K. MARTIN (1896), zeigt Übereinstimmung in zwei Punkten:

1. Die Korallenwelt des westindischen Archipels zeigt u. a. Arten, die spezifisch für diesen Raum sind und

2. es kam eine Anzahl urtümlicher Formen unter den Korallen vor, die auch schon aus älteren Zeiten nachgewiesen sind.

Diese Aussagen zusammen mit den hier ermittelten maximalen Korallenansatztiefen lassen die Aussage zu, daß in diesem Gebiet Korallenriffe persistiert haben. Die Ausdehnung kann nicht ganz sicher bestimmt werden; im Bereich des karibischen Meeres könnte zusätzlich zum Nordteil Yucatans ein Refugialbereich vorliegen. Zuverlässige Daten waren in weiten Bereichen nicht zu gewinnen.

## 6. DIE KÜSTE AFRIKAS

Zwischen 30° und 6° südlicher Breite, zwischen dem Oranje und dem Kongo, beherrscht das kalte Auftriebswasser den gesamten Küstenbereich und läßt keinen Korallenwuchs zu. Die Mündung des Kongo selber ist ausgesüßt. Nördlich des Äquators setzen die bis zur Sklavenküste reichenden Mangrovenwälder an. In der Lücke zwischen dem Kongo und dem Äquator und nördlich des Niger besteht vom Biotop her die Möglichkeit zu einer Korallenansiedlung. Nachgewiesen sind solche Riffe aber nur nördlich der Nigermündung. J. R. L. ALLEN und J. W. WELLS (1962) haben jene Korallenbänke untersucht. Dabei ist aufgefallen, daß die heute noch flachsiedelnden Korallenkolonien einer Absenkung unterliegen, so daß sie nach und nach zu einer Art von Barriere werden können. Die ermittelten Ansatztiefen liegen zwischen 10 und 30 m.

## 7. DIE KÜSTE SÜDAMERIKAS

Zwischen 10° nördlicher Breite und dem Äquator, also der Amazonas-Mündung, findet man keine Korallen, denn die südliche Passat-Drift führt das Süßwasser des Amazonas an der Küste entlang nach Norden. Unmittelbar südlich der Amazonas-Mündung zwischen 0° und 1° südlicher Breite treten Riffe mit Ansatztiefen bis zu 50 m auf. Dies sind die größten Ansatztiefen der Südamerikanischen Küste. Sie zeigen an, daß das Gebiet heute vom Biotop her geeignet für einen Korallenwuchs ist, eiszeitlich jedoch keine Korallenriffe aufwies. Es kann sein, daß Ströme wie der Gurupi, südlich dieser Riffe, damals so stark geschüttet haben, daß es zum Abtöten der Korallen aus anderen als thermischen Bedingungen kam. Andererseits würde eine Abkühlung um 8° während des kältesten Monats in Betracht zu ziehen sein.

Südlich dieser Ansatzpunkte treten bis unter 10° südlicher Breite nur Saumriffe auf. Es folgt dann zwar wieder eine mangrovenbesiedelte Küste, dennoch konnten sich in einiger Entfernung von der Küste zwischen 16° und 19° südlicher Breite Korallenriffe in neuerer Zeit ansiedeln. Man erkennt deutlich aus den Korallenansatztiefen der Riffe und ihrer Lage zur Küste, daß es sich um eine Staffel von Riffen handelt. Küstennah treten Riffe bis zu 20 m, also Siedlungen von heute, auf. Etwas weiter von der flachabfallenden Küste entfernt liegt ein Korallenansatz-Niveau mit Tiefen zwischen 24 und 30 m, denen wiederum Riffe vorgelagert sind, die im tiefsten hier gefundenen Niveau angesiedelt sind, etwa zwischen 35 und 39 m. Sie liegen zwischen 50 und 100 km vor der Küste. Alle Korallensiedlungen sind nach der Ansatztiefe der Riffe nacheiszeitlich. Dies wird durch Veröffentlichungen von J. C. BRONNER (1905) und N. D. NEWELL (1959) gestützt.

# D Bestimmung der Korallenrefugien

## 1. DIE RIFFE

Nachdem im Kapitel C der Versuch gemacht wurde, die auf Grund der Schnitte gefundenen Korallenansatztiefen in Beziehung zu (sich im Laufe der Zeit abwandelnden) physisch geographischen Bedingungen zu setzen, soll dargelegt werden, wo Korallenriffe persistiert haben.

Dazu kann man von der Annahme ausgehen, daß bei einer würmeiszeitlichen Meeresspiegel-Absenkung um 100 m Korallenriffe unter guten Bedingungen bis zu 20 m unter dem damaligen Meeresspiegel biohermal aufgewachsen sind. Alle Gebiete, in denen solche Ansatztiefen (bis 120 m maximal und bis zu 100 m minimal) vorkommen, beschreiben also sichere Korallenrefugien zur Zeit des letzten Glazials. Es sind dies:

1. Die Nordwestküste von Australien;
2. die Küste Sumatras;
3. der Sundaschelf zwischen Borneo, Celebes und Bali sowie östlich und südlich Celebes;
4. die Riffe nördlich von Borneo und die der Sulu-See;
5. die Riffe, die Guinea südlich vorgelagert sind;
6. zwei Gebiete im Großen Barriere-Riff unter 10° und 22° südlicher Breite;
7. im offenen Pazifischen Ozean die Tonga-Inseln, die Salomonen und die Neuen Hebriden;
8. im Golf von Mexiko, die Riffe vor der Küste Yucatans.

## 2. DIE ATOLLE

Bei den Atollen werden auch Werte >90 m zur Bestimmung der eiszeitlichen Refugien verwandt, denn es muß auch nach dem Aufwachsen des Riffkranzes innerhalb der Lagune noch eine Aufhöhung des Bodens erfolgt sein, sei es durch biostromales Wachstum, sei es durch die Ablagerung vom Riffdetritus, innerhalb dieser geschlossenen Sedimentfalle. Beweise für eine Detritus-Ablagerung auf dem Lagunenboden enthalten die Seekarten in reicher Fülle: Die Ankergrundangaben lauten häufig auf Korallensand, Sand oder Ton. Die Annahme, daß etwa 10 % des Lagunentiefs im Zuge des Aufwachsens verfüllt werden, scheint daher berechtigt. Damit erreichen die >90 m-Atollwerte das Niveau des eiszeitlichen Meeresspiegels. Auf diese Tatsache weist auch die Abb. 8 hin, in der durch Abtragen der tiefsten Lagunentiefe über der geographischen Breite und eine vermittelte Gerade diese Werte im äquatorialen Bereich und weiter bei Tiefen zwischen 100 und 110 m ablesbar werden.

Interessant ist in diesem Zusammenhang die Vermutung, es könne sich bei den Atolltiefen um durch Stürme hervorgerufene Ausraumflächen handeln, deren Durchmesser eine gesetzmäßige Beziehung zur Tiefe aufweist. Diese Vermutung ist u. a. von H. WIENS (1959) geprüft worden.

Die Abbildungen 9 und 10 zeigen deutlich, daß eine solche Beziehung nicht besteht; erkennbar wird in diesen Abbildungen lediglich, daß die Streuung mit der Menge der Werte abnimmt. Eher als ein Ausraum scheint eine Verfüllung der Atolle durch Stürme möglich.

Es kommen demnach im Indischen Ozean die Malediven, im Pazifischen Ozean die Gesellschaftsinseln, Teile Neu Kaledoniens und Fidschi-Inseln in Betracht.

So zeichnen sich drei große Gebiete ab:
1. die Seegebiete von den Malediven über Sumatra bis nach Borneo und Celebes und bis zum Nordwestrand Australiens;
2. die Seegebiete von Nordostaustralien bis zu den Tonga-Inseln;
3. das Küstengebiet Nord-Yucatans.

Die Gebiete 1 und 2 sind lediglich durch den Sahulschelf voneinander getrennt, bilden im Sinne klimatischer Auswertung also ein einheitliches Refugialgebiet, das nicht nur durch die im Sinne der Auswertung „positiven" Werte von >90 m bzw. 100 m und mehr klar umrissen ist, sondern auch durch die geringeren Werte ausgespart wird.

Das Refugialgebiet 3 kann zwar im Golf von Mexiko nicht viel größer gewesen sein, jedoch besteht die Möglichkeit, daß es sich bis in die Teile des Karibischen Meeres erstreckte, für die zuverlässige Werte nicht gewonnen werden konnten. Eine Ausdehnung über das Karibische Meer erscheint jedoch ausgeschlossen.

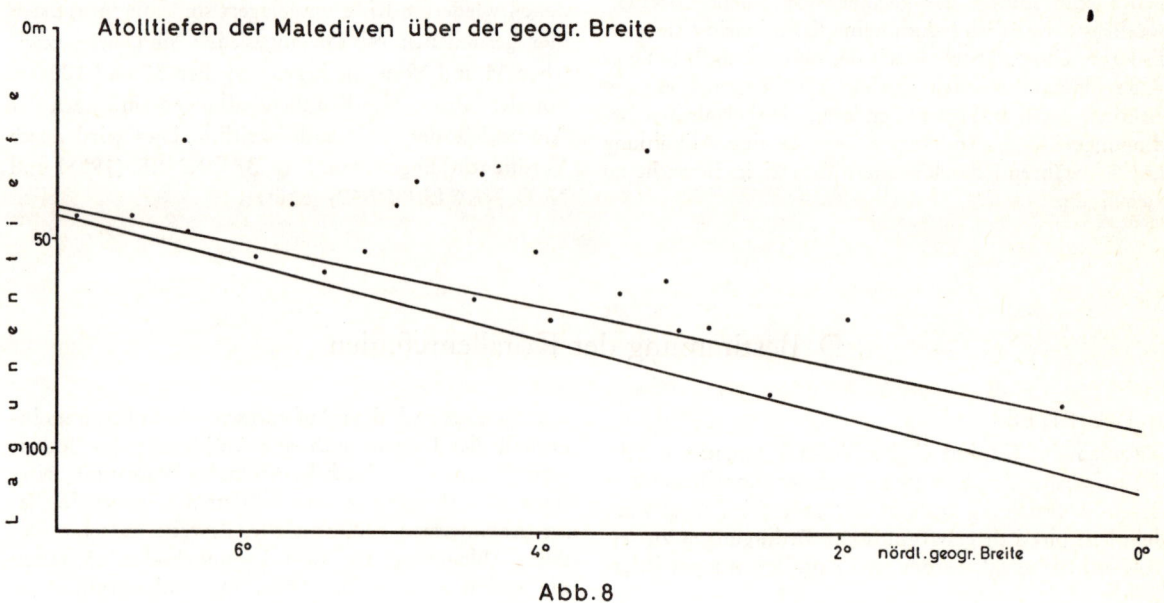

Abb. 8

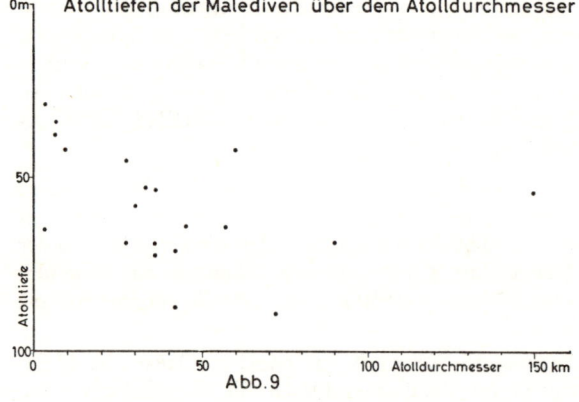

Abb. 9

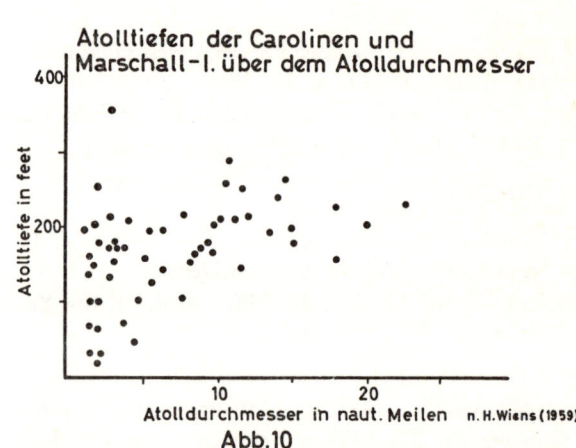

Abb. 10

# E Abschätzung der Temperaturabsenkung während der letzten Eiszeit

## 1. ISOTHERMENVERGLEICH

Abb. 11 zeigt die charakteristischen Korallenansatztiefen für den indopazifischen Raum.

Versucht man, Gebiete mit Riffansätzen tiefer als 100 m und Atoll-Lagunentiefen größer als 90 m zu umgrenzen, so gibt es mehrere Möglichkeiten:

1. Man umgrenzt nur die Bereiche, in denen die Atollwerte >90 m und die Werte 100 und >100 m vorkommen und kleinere Werte fehlen (ausschließliches Verbreitungsgebiet).
2. Man faßt die größeren Komplexe auch unter Einschluß weniger, abweichender Werte zusammen.

Abb. 12 zeigt, daß beide Verfahren im Prinzip das gleiche Ergebnis liefern:

Das Großrefugium, dessen östlichster Ausläufer in den Gesellschaftsinseln liegt, gewinnt über den Bismarck-Archipel Anschluß an das Gebiet der Molukken- und Celebes-See. Die Grenze des Refugiums schließt westlich der malayischen Halbinsel durch einen 100 m-Wert der Nicobaren zwanglos in gleicher Breite an und kann bis zu den Malediven verlängert werden. Nimmt man die beiden geringeren Werte (70 m südlich der Malediven und 80 m nördlich des Chagos-Archipels) als Zeichen für eine Einbuchtung des Refugiums, dann muß man, wie auf der Karte angedeutet, im Bereich des äquatorialen Gegenstroms ein Zurückspringen konzipieren; führt man die beiden Werte auf besondere Aufhöhung des Atollbodens zurück, dann muß man die Refugiumsgrenze um beide Gebiete herumführen und mit dem 100 m-Raum vor Australien verbinden. Damit wäre der Anschluß an das Gebiet der westlichen Arafura-See und der Molukkensee gefunden.

Innerhalb dieses Refugialbereichs gibt es geringe Ansatztiefen aus besonderen Gründen:

Der Südteil des Süd-Chinesischen Meeres und der östliche Teil der Arafura-See waren im letzten Hochglazial trocken, hier konnten Korallen also erst zu dem Zeitpunkt wieder siedeln, als das Wasser das Gebiet überflutete.

Die drei Wertgruppen in den Gebieten nordwestlich Sumatra, nordwestlich und nordöstlich von Australien zeigen wohl einen terrestrischen Einfluß an, z. B. starke Aussüßung, Windvertragung von Staub usw.; gleiche Einflüsse auf den Korallenwuchs liegen auch heute vor.

Abb. 13 vergleicht dieses Korallenrefugium mit den aktuellen Isothermen des kältesten Monats. Unter der Voraussetzung, daß die 18° Isotherme des kältesten Monats eiszeitlich wie heute die Grenze der Korallenriffe bestimmte, kann man an Hand dieser Karte die Temperaturdifferenzen zwischen eiszeitlichen und heutigen Meerestemperaturen ablesen.

Der nördliche Ausläufer des Refugiums, südlich von Luzon zeigt, zwischen der 26° und der 27° Isotherme gelegen, eine Abkühlung von 8,5°. Südlich von Mindanao betrug sie 9° und am Äquator, östlich von Halmahara sogar 10°, das Maximum der in dieser Arbeit ermittelten Abkühlung während des letzten Hochglazials. Dieser Wert (10°) taucht ebenfalls im Louisiade-Archipel auf. Die eiszeitliche Temperaturerniedrigung wird vom Äquator nach Süden geringer; beträgt sie bei den Salomonen noch 9° und bei den Fidschi-Inseln 8°, sinkt sie südlich des Tonga-Archipels auf 7° und schließlich über 5° auf 2° unter 22° südlicher Breite vor der Küste Australiens.

Unter 16° südlicher Breite auf der Westseite Australiens beträgt sie 8° und steigt wieder nach Norden über den Chagos-Archipel mit 9° bis auf 9,5° oder fast 10° (die 28°-Isotherme berührt die Refugialgrenze südlich Ceylons fast).

Zusammenfassend kann man aus der Darstellungskarte 13 ablesen, daß die minimale Abkühlung mit 2° im Süden, die maximale Abkühlung mit 10° im Äquatorbereich gelegen hat.

Da auf dem Äquator unter 165°, 170° und 175° östlicher Länge und unter 176°, 160° und unter 157° westlicher Länge Inseln vorhanden sind, die als Biotop korallenfreundlich sind, wie die heutige Besiedlung, allerdings bei geringeren Ansatztiefen, beweist, kann man eine Abschätzung auch für dieses Gebiet machen; so war die Abkühlung unter 170° östlicher Länge auf dem Äquator größer als 10°, unter 170° westlicher Länge größer als 9° und unter 160° westlicher Länge größer als 8°.

Die für diese Abschätzungen wichtigen Isothermenkarten stammen aus dem Atlas der US-Navy.

Endlich kann man hilfsweise noch das Refugium mit den Jahresisothermen vergleichen, wie sie beispielsweise C. G. BARTHOLOMEWS gibt. Dabei liegt die Jahresmitteltemperaturdifferenz bei den Malediven und im Bismarck-Archipel bei 8° und fällt entsprechend wie bei dem Isothermenvergleich mit den kältesten Monaten nach Norden schwächer bis auf 6,5°, nach Süden stärker auf nur 3° im südlichen Barriere-Riff ab.

Nimmt man einen ähnlichen Vergleich der Isothermen mit dem Refugium nördlich Yucatans vor, so ergibt sich eine Temperaturdifferenz von 6°.

Da die Differenz, auf die Jahresmitteltemperatur bezogen, 5° ergibt, kann man folgern, daß im wärmsten Monat die Temperaturabsenkung 4° betragen haben muß. Das deckt sich mit den Werten, die aus der Schneegrenzdepression in benachbarten Gebieten (für die Juli-Temperatur!) abgeleitet wurden. In der für den Golf von Mexiko mit Hilfe von $O^{16}$-$O^{18}$-Bestimmungen an Globigerien ermittelten Temperaturdepressionen von 8° (SACKETT WILLIAM, M., 1970) dürfte zum Ausdruck kommen, daß im Golf von Mexiko eiszeitlich ein scharfes Temperaturgefälle von Süden nach Norden existierte.

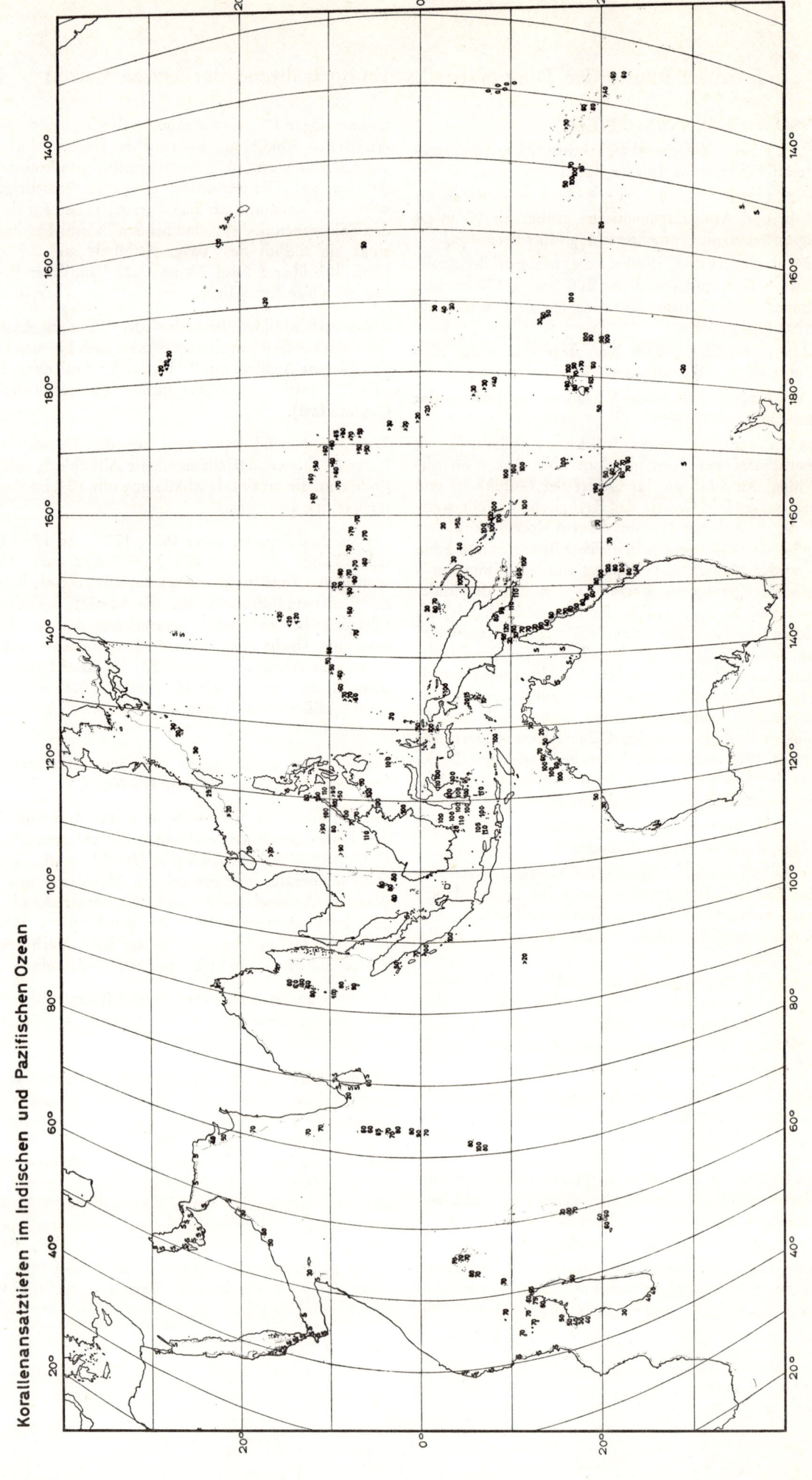

Korallenansatztiefen im Indischen und Pazifischen Ozean

Abb. 11

Das Korallenrefugium im Indischen und Pazifischen Ozean

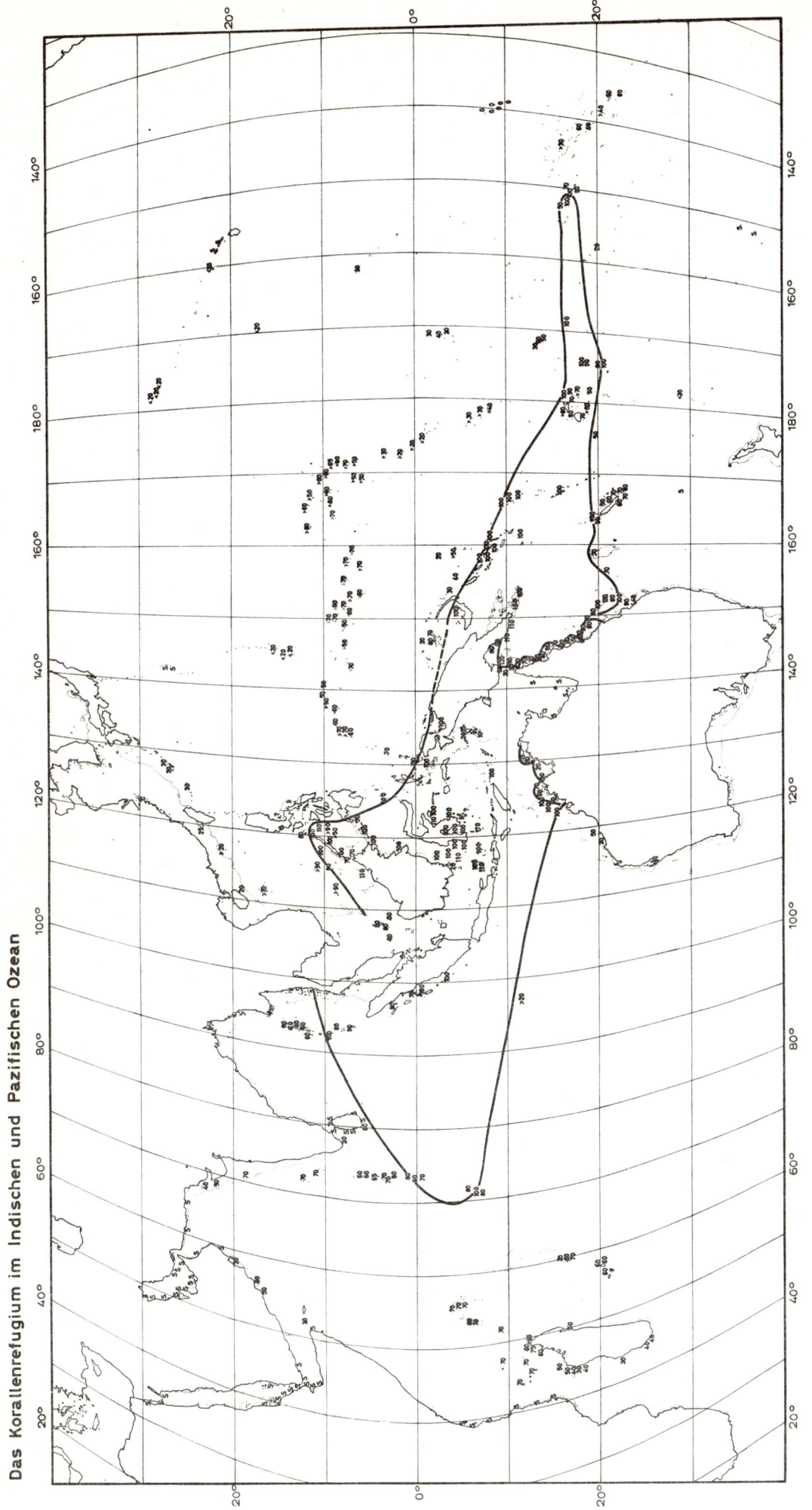

Abb.12

28

Grenze des Korallenrefugiums im Vergleich mit heutigen Isothermen des kältesten Monats

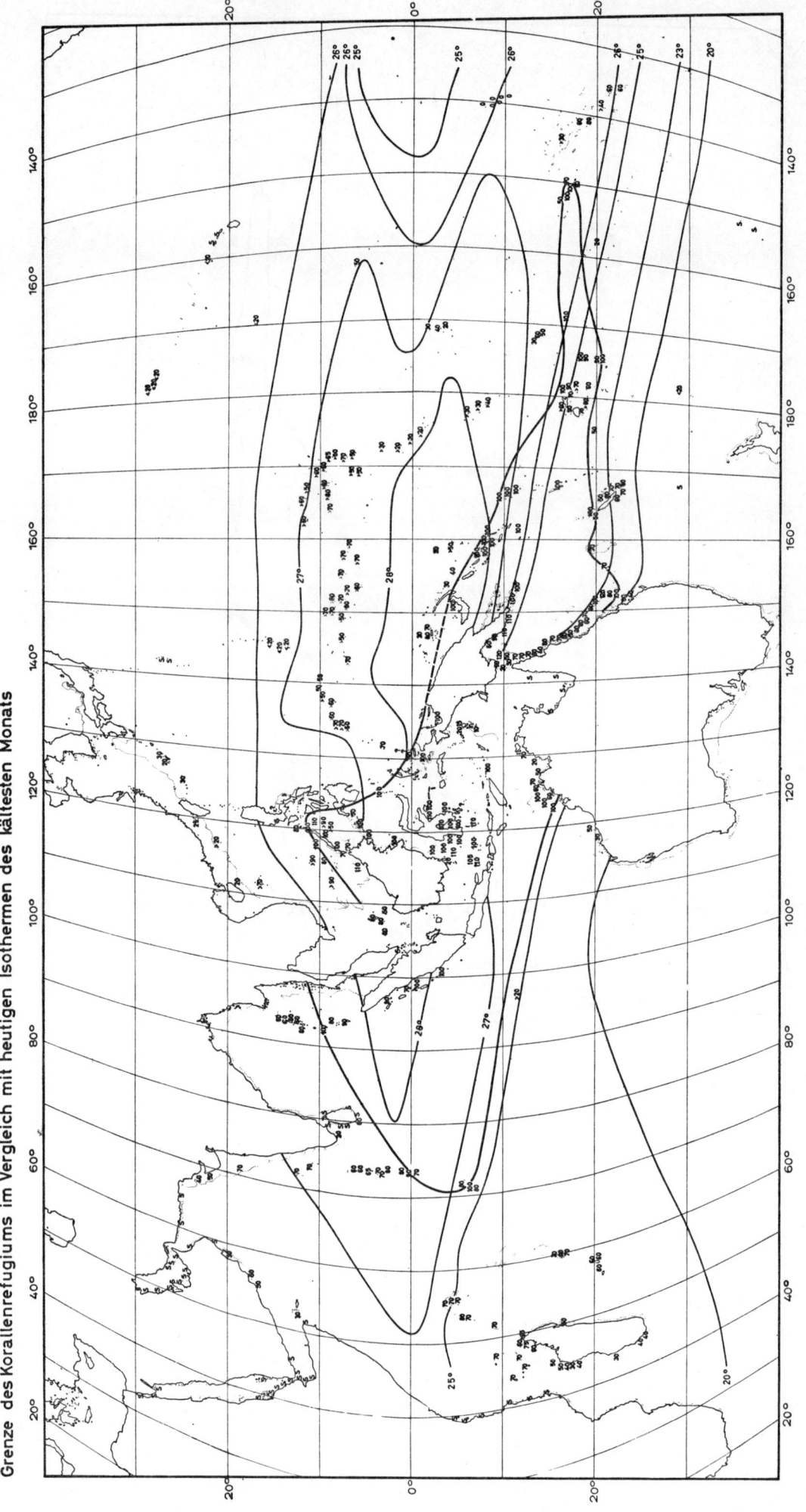

Abb.13

## 2. VERWENDUNG DER ÜBRIGEN ANSATZTIEFEN

Nach Abgrenzung der Refugien verbleiben noch die Werte zwischen unter 100 m für eine Bestimmung des Ausbreitungsvorganges im Zuge der Erwärmung und des Ansteigens des Meeresspiegels. Unterteilt man den Bereich grob in 3 mit je 20 m Isobathenabstand, muß sich die Ausbreitung aus der Folge der Isobathen in Näherung ablesen lassen. In Abb. 14 ist der Versuch unternommen worden, diese Isobathen zu konstruieren; bei den 40 m-Werten gibt es allerdings im Pazifischen Ozean wegen zu geringer Wertedichte Schwierigkeiten. Für den Indischen Ozean mußte auch auf die Konstruktion der 80 m-Isobathe verzichtet werden, da dafür im zu beschreibenden Raum nur 3 Werte zur Verfügung standen. Die Konstruktion der 80 m-Isobathe im Pazifik wurde folgendermaßen vorgenommen: Südlich des 100 m-Wertes im südlichen Barriere-Riff tritt ein 80 m-Wert, von dem aus man nördlich des 70 m-Punktes auf einen neuen 80 m-Wert im Gebiet der südlichen Kaledonischen Inseln stößt, auf; dabei werden die 50, 60 und 70 m-Werte Mittelkaledoniens als spätere Besiedlungsphasen im Siedlungsraum angesehen.

Es mag sich dabei um terrestrische Einflüsse der relativ großen Inseln handeln. Der 50 m-Wert südwestlich der Fidschi-Inseln wurde umrundet; da die niedrigen Werte der südlichen Fidschi-Inseln schon durch die 100 m-Isobathe eingegrenzt sind, muß sie sich, dicht an diese Linie angeschmiegt, an den Tonga-Inseln vorbeibewegen, um an den 90 und 70 m-Werten der äußeren Gesellschaftsinseln nach Westen umzubiegen. Nach Norden durch die Ellice-Inseln (30 bis 40 m), die nördlichen Salomonen (20 bis 50 m) und die Admiralitätsinseln (20 bis 70 m) begrenzt und durch einen 80 m-Wert der südlichen Admiralitätsinseln aufgefangen, stößt die Isobathe bis westlich des 70 m-Wertes vor Halmahera vor. Dann treten eine Anzahl von Werten größer als 70 und 80 m in den Karolinen und Marshall-Inseln auf, so daß die Isobathe wieder weit nach Osten ausbiegen muß. Nach Osten, Süden und Norden begrenzt eine Anzahl von größer als 50 und 60 m-Werten das zungenförmig nach Osten vorstoßende Gebiet, das durch einen 80 m-Punkt südlich von Luzon wieder aufgefangen wird und entsprechend der 100 m-Isobathe einen größer als 70 m und zwei größer als 90 m-Werte, unter Einschluß eines 80 m-Punktes, auf den Schelf des Süd-Chinesischen Meeres zuläuft.

Auch die 60 m-Isobathe läßt sich für den Pazifik in gleicher Weise konstruieren; sie verläuft bis auf eine größere Entfernung von den beiden ersten Isobathen durch das weit vorgeschobene 60 m-Gebiet im Tuamotu-Archipel, dicht an die vorherbeschriebenen angeschmiegt und verläuft nur einmal divergierend vom Südrand Luzons zwischen einem 70 m und einem 20 m-Wert und verläuft dann parallel zur 100 m-Isobathe, im im Indischen Ozean beginnt auf dem Schelf vor dem Golf von Kambay, zwischen einem 70 m und einem 50 m-Wert und verläuft dann parallel zur 100 m-Isobathe, im Bogen die 60, 70 und 80 m-Werte vor Nordwestmadagaskar einschließend, mit Anschluß des 50 m-Punktes auf gleicher Höhe an der Ostküste Madagaskars, um die 60 m-Werte der Maskarenen herum, auf die Küste von Australien zu, wo sie zwischen einem 100 und einem 50 m-Wert den Schelf berührt.

Interessant ist ein Vergleich dieser Darstellung mit den heutigen Isothermen des kältesten Monats (vgl. Abb. 15).

Die Einbuchtung der 25°, 26° und 27° Isotherme des Pazifischen Ozeans entspricht der Einbuchtung der 80 und der 60 m-Isobathe, unter der Voraussetzung, daß eine weite Westversetzung der Isothermen durch den Südäquatorialstrom erfolgte. Für den Indischen Ozean ergibt sich weitgehend Isothermen-Parallelität der 60 m-Linie.

Die starke Scharung der Isobathen läßt erkennen, daß die späteiszeitliche Erwärmung der Ozeane offenbar zunächst sehr langsam erfolgte und vornehmlich den nördlichen Pazifik im Bereich des Nordäquatorialstroms und den Westteil des Indischen Ozeans betraf. Erst danach erfolgte die Erwärmung im Äquatorialbereich des Pazifik und das polwärtige Vordringen des Riffgürtels bis zum heutigen Zustand. Die dominierende Bedeutung der Meeresströmungen wird dadurch verschärft erkennbar.

Eine völlig andere Untersuchung an Korallen führte zu einem diesen Befunden vollauf entsprechenden Ergebnis.

J. W. WELLS hat 1954 eine Karte der Anzahl der Korallenarten für die Gebiete des indopazifischen Raums gegeben (siehe Abb. 16). Die größte Anzahl aller vorkommenden Korallenarten liegt im Zentrum des in dieser Arbeit gefundenen Refugiums in der Celebes-See. Unter der Voraussetzung, daß in Korallenaltsiedelgebieten die Artenanzahl am größten, in neu besiedelten Gebieten die Artenanzahl kleiner ist, sollte sich auch in der Artenanzahl die Korallenausbreitung ablesen und mit den Aussagen dieser Arbeit vergleichen lassen.

In der Wells'schen Karte gibt es drei Gebiete größter Artenanzahl: die Malediven, die Ostflanke der Celebes-See bis ins Süd-Chinesische Meer und, da Angaben über das Große Barriere-Riff nicht gemacht sind, die Fidschi-Inseln. Das steht in Übereinstimmung mit den Aussagen dieser Arbeit; selbst der in der Wells'schen Karte angegebene Wert 52 in den Marshall-Inseln entspricht den hier gemachten Angaben über die frühe Ausbreitung im Bereich des Nordäquatorialstroms. Im Aur-Atoll mit einer Lagunentiefe von 80 m ist überdies durch das konvexe Abbiegen des Lagunenbodens nach Südosten in der Verlängerung dieser Linie bis zum Außenabfall des Atolls, die Möglichkeit einer größeren Ansatztiefe nicht ausgeschlossen. Zu einer korrigierenden Aussage über dieses Atoll müßten jedoch mehr Lotungen vorliegen.

Hier, wie überall, beruhen alle Aussagen dieser Untersuchung auf den z. Z. vorliegenden Tiefenangaben. Sie sind damit durch weitere, detaillierte Lotungen ergänzbar und korrigierbar.

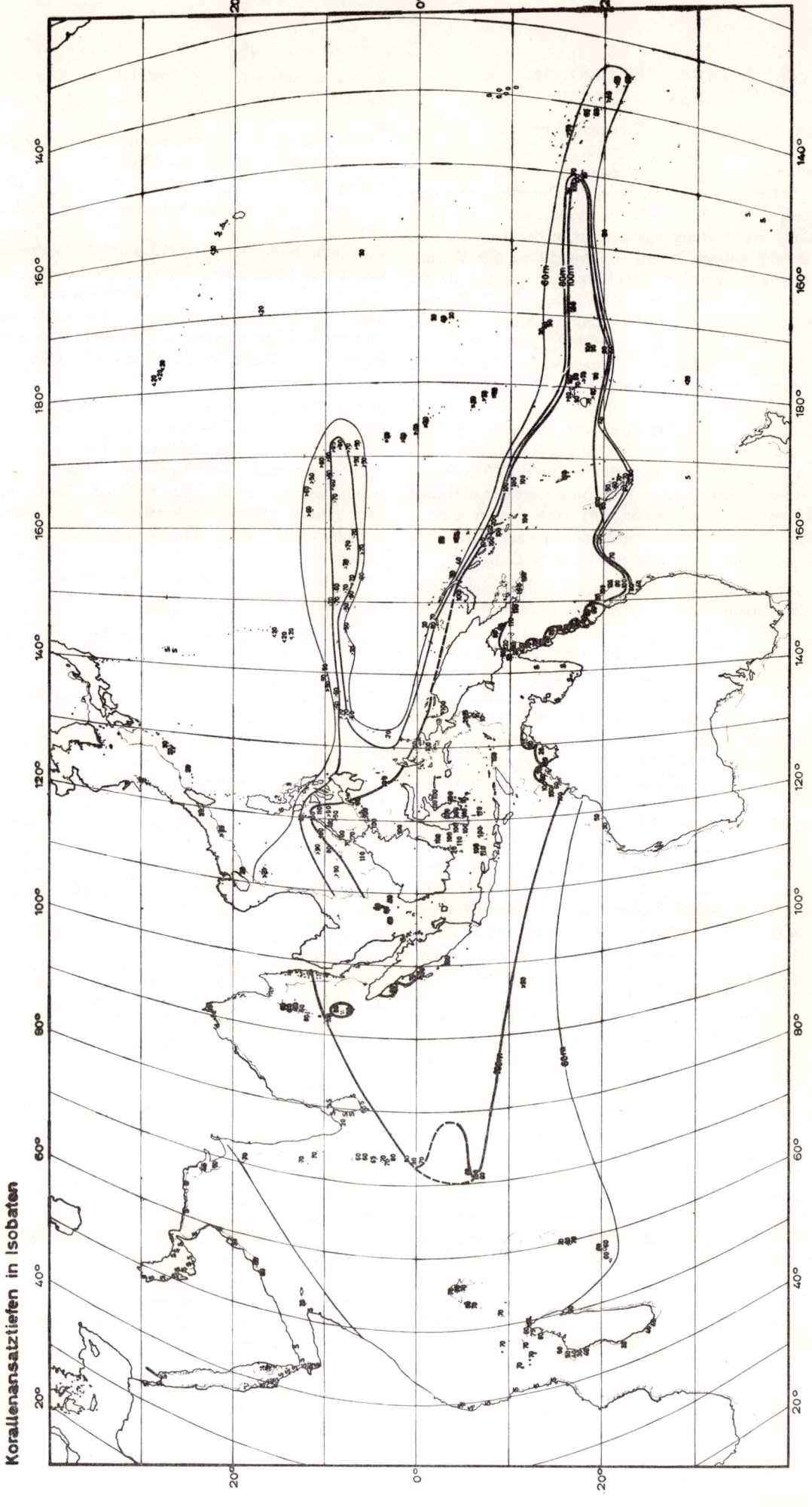

**Korallenansatztiefen in Isobaten**

Abb. 14

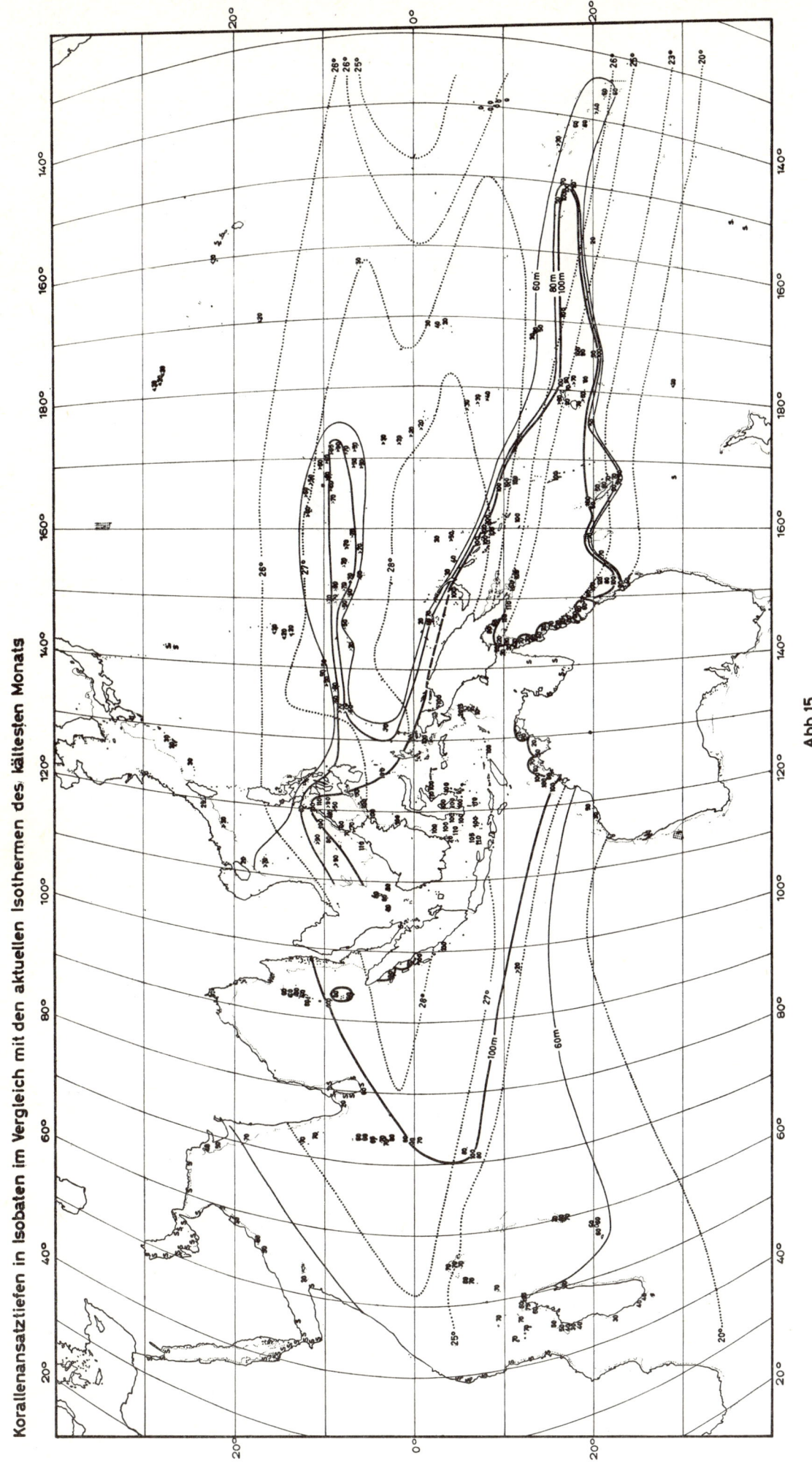

Abb.15

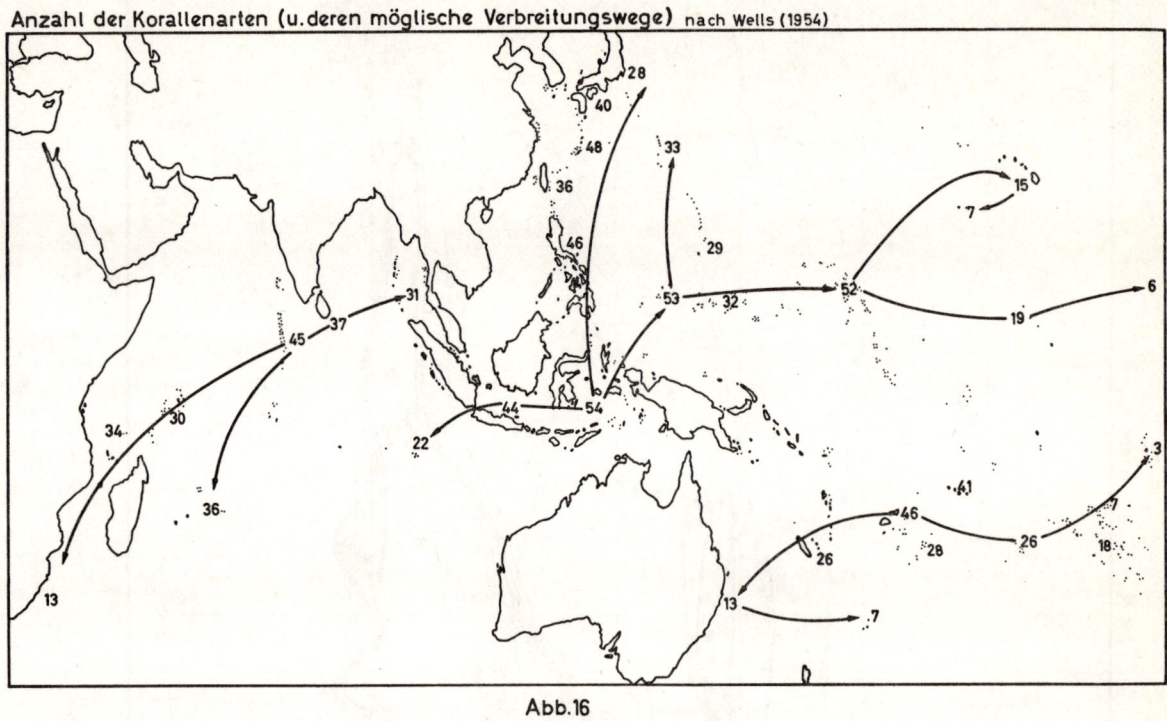
Abb. 16

# F Zusammenfassung

Durch die Bestimmung der Korallenansatztiefen läßt sich die Einengung des tropischen Korallengürtels z. Z. des letzten Hochglazials nachweisen. Nach dem heutigen Stande der Kenntnisse zeichnen sich zwei Refugien ab:

Das Gebiet nördlich von Yucatan mit einer eigenen Korallenfauna im Atlantik und ein Großrefugium mit Zentrum in der Celebes-See und Ausläufern nach Westnordwest bis zu den Malediven und Ostsüdost bis zu den Gesellschaftsinseln. Die Abkühlung des Oberflächenwassers der Ozeane, berechnet aus der 18°-Isotherme des kältesten Monats betrug nördlich Yucatans 7°, an den Rändern des Großrefugiums im nördlichen Teil um 9°, in Äquatornähe 10° und darüber und im südlichsten Teil vor der Ostküste Australiens nur 2°. Die Befunde beruhen auf dem zum gegenwärtigen Zeitpunkt zugänglichen Kartenmaterial. Sie sollten auf Grund einer für diese Zwecke besser nutzbaren Meereskartographie überprüft werden. Die möglichen Abweichungen dürften jedoch wegen der engen Scharung der Isobathen und der großen Konzentration der 100 m-Werte kaum größer als 1° sein. Zusammen mit dem möglichen Fehler von 1°, der in diese Untersuchung eingeht, sollte die Korrektur höchstens 2° betragen können. Fortführung und Verbesserung der Methode dürften es möglich machen, Aussagen zu erstellen, die durch andere Methoden, wie die Untersuchungen mit der $^{14}C$ und $^{18}O$ an Bohrkernen, sehr viel schwieriger und kostspieliger zu erlangen sind. Diese Methode arbeitet mit den Daten der Seekarten — dem „Abfall" der Nautiker — sie erfordert nur Arbeitsaufwand, der in der vorliegenden Untersuchung mit der Erstellung und Verarbeitung von mehr als 10 000 Schnitten unternommen worden ist.

*Summary*

By the fixation of the depths of the coral reefs it is possible to prove the confinement of the tropical coral belt at the last glacial period. According to the present-day knowledge we have to do with two refuges:

The zone north of Yucatan with a proper coral fauna in the Atlantic and a large refuge in the center of the Celebes-sea, with ramifications west-north-west up to the Maledive Islands, and east-south-east up to the Society Islands. The cooling of the temperature of the surfacewater of the oceans — the cooling being determined on the basis of the 18° isotherm of the coldest month — amounts to 7° north of Yucatan, to 9° on the borders of the large refuge in the northern part, to 10° and more near the equator, and to only 2° in the most southern part in front of the eastern coast of Australia. These datas are based on the maps that are available at the present time. They should be re-examined on the basis of an oceanic cartography that can be better made use of for that purpose. On account of the narrowness of the isobaths and of the great concentration of the 100 m values the possible deviations may hardly be greater than 7°. Together with the possible mistake of 1° slipping into the investigation, the correction should amount to maximum 2°. The continuation and the improvement of the method may very probably lead to results that could be obtained in a far more difficult and expensive way by examining boring cores with $^{14}C$ and $^{18}O$ method. This method makes use of the datas of the oceanic maps — the „rubbish" of the navigators —, it does not require but work, such as done in this study, in which there were consulted and exploited more than 10 000 sections.

*Résumé*

La détermination de la profondeur de la base des récifs coralliens permet de reconnaître le rétrécissement de la zone des coraux pendant la dernière glaciation. A l'état actuel de nos connaissances on peut discerner deux refuges:

La région au nord du Yucatan avec une faune coralienne propre dans l'Atlantique et un grande refuge ayant son centre dans la mer des Célèbes avec des extensions vers l'ouest-nord-ouest jusqu'aux Maldives et vers l'est-sud-est jusqu'aux îles de la Société. L'abaissement de la température de l'eau à la surface des océans, calculée à partir de l'isotherme 18° du mois le plus froid, a atteint 7° au nord du Yucatan, 9° aux bords du grand refuge dans sa partie septentrionale, 10° et plus à proximité de l'équateur, et seulement 2° dans la partie méridionale près de la côte est de l'Australie. Ces résultats se fondent sur les cartes accessibles actuellement. Ils devraient être vérifiés à l'aide d'une cartographie nautique mieux appropriée à ce but. Les écarts possibles ne devraient cependant pas dépasser 1° par suite de l'extrême rapprochement des isobathes et de la grande concentration des valeurs de 100 m. Avec l'erreur possible de 1° comprise dans cette étude, la correction devrait atteindre au plus 2°. En poursuivant et améliorant cette méthode, il devrait être possible d'aboutir à des résultats qui seraient beaucoup plus difficiles et plus couteux à obtenir par d'autres méthodes, comme celle du $^{14}C$ ou $^{18}O$ de carottes de forage. Cette méthode utilise les données des cartes nautiques — les „déchets" des navigateurs — elle ne demande que le travail, réalisé dans cette étude par la confection et l'examen de plus de 10 000 coupes.

# G Zusammenfassung der benutzten Literatur

ADAM, J. E. und FRENZEL, H. N. (1950): Capitan Barrier Reef, Texas and New Mexico. J. Geol., 58, 4, Chicago

AGASSIZ, Al. (1903): The Coral Reefs of the Maledives. Mem. Mus. Compar. Zool. Harvard, Vol. 29.

AGASSIZ, Al. (1904): A visit to the Great Barriere Reef of Australia in the steamer „Croydon". Bull. Mus. Emp. Zool. Harvard Col.

AGASSIZ, L. (1842) in H. LOUIS (1968): Allgem. Geomorph.

ALLEN, J. R. L und WELLS, J. W. (1962): Holocene Coral Banks and Subsidence in the Niger-Delta. J. Geol. 70, S. 381-397.

ANDREE, K. (1920): Geologie des Meeresbodens. Berlin.

ANDREWS, E. C. (1922): A Contribution to the Hypothesis of Coral Reef Formation. Roy. Soc. New Wales Jour and Prov. Vol. 56, S. 10-38.

ARMSTRONG, H. E. (1904): The Atoll of Funafuti. Roy. Soc. London, S. 428.

ARX v., W. S.: Circulation Systems of Bikini and Rongelap Lagoons. U. S. Geol. Surv. Prof. Pap. 260-B, S. 265-273.

ASANO, K.: Coral Reefs of the South Sea Islands. Inst. of Geol. (Tahoku University), 39, S. 1-19.

BAKER, J. R. (1925): A Coral Reef in the New Hebrides. Zool. Soc. London Proc., S. 1007-1019.

BARNES, C. A., BUMPUS, D. R. und LYMAN, J. (1948): Ocean Circulation in the Marshall Islands Area. Trans. of the Amer. Geophys. Union 29, S. 871-876.

BASSET-SMITH, P. W. (1899): On the Formation of the Coral Reefs on the N-W-Coast of Australia. Zool. Sec. London. Proc., S. 157-159.

BATTISTINI, R. (1960): Mem. Inst. Sci. Madagaskar. Ser. F. 3, S. 121-343.

BEASLEY, A. W. (1947): The Place of Block Sand in the Physiographic History of the South Coast Region, Queensland. Austr. Journ. Sci., Vol. 9, S. 208-210.

BEETE, Jukes: H. M. S. 1843-1847.

BERRY, L, WHITEMAN, A. J. und BELL, S. V.: Some Radiocarbon Dates and their Geomorphological Signifiance, Emerges Reef Complex of the Sudan. Nicht veröffentlichtes Manuskript.

BIEWALD, D. (1964): Die Ansatztiefe der rezenten Korallenriffe im Indischen Ozean. Z. für Geomorphologie N. F. Bd. 8. Ein Exemplar liegt dieser Arbeit bei.

BIRD, E. C. F. (1961): The Coastal Barriers of East Gippsland, Australia. Geogr. J. 127, S. 460-468.

BROOKS, C. E. P. (1949): Climate through the Ages. London

BROUWER, H. A. (1918 und 1919): On Reefcaps. Proc. Roy. Acad., Amsterdam, Nov. (1918), 21 und (1919), S. 816.

BROUWER, H. A. (1916): Geologische verkenningstochten in die ostlijke Molukken. Verh. Geol.-Mijnb. Genootsch. v. Nederl. en Kol. Geol. Sereis, III, S. 31-55.

BROCH, H. (1922): Riffkorallen im Nordmeer einst und jetzt. Naturw., 10.

BRONNER, J. C. (1905): Stone reefs on the NE-coast of Brazil. Geol. Soc. America Bull., 16, pp. 1-13.

BROOKS, C. E. P. (1949): Climate through the Ages. London.

BRYON, W. H. The Queensland continental shelf. Rep. of the Great Barrier Reef Com.

CHRISTIANSEN, S. (1963): Morphology of some Coralcliffs, Bismarck-Archipel. Geogr. Tidskr., 62, S. 1-23.

CLARKE, A. C.: The coast of coral. New York, Harper and Brothers.

CLOUD, P. E. (1958): Nature and Origin of Atolls. Proc. Eight Pacific Sci. Congr. Vol. III-A, S. 1009-1023.

COOK, C. W. (1945): Geology of Florida. Florida Geol. Surv. Bull. 29, S. 339.

COTTON, C. A. (1949): A Review of the Tectonic Relief of Australia. Jor. Geol. Vol. 57, S. 280-296.

COUSTEAU, J. Y. (1952): Fishmen explore a new World undersea. Nat. Geol. Magaz., Vol. 102, No. 4, S. 431 bis 472.

COUSTEAU, J. Y. (1963): Das lebende Meer. Verlag Kiepenheuer & Witsch, Köln.

COUTHOUG, J. P. (1843 bis 1844): Remarks upon Coral Formation in the Pacific. Boston J. of Nat. Hist., 4, S. 137-144.

CROCKER, R. L. (1946): Notes on a recent raised Beach at Point Brown, York Peninsula South Aust. Trans. Roy. S. Anst. Vol. 70, S. 108-109.

CROSSLAND, C. (1902): The Coral Reefs of Zansibar. Cambridge, Phil. Soc. Proc. 11, S. 433.

CROSSLAND, C. (1904): The Coral Reefs of Pemba Island and of the East African Main-Land. Cambridge, Phil. Soc. Proc. 12, S. 36-43.

CROSSLAND, C. (1907): Reports on the Marine Biology of the Sudanese Red Sea. IV J. Lim. Soc. London, 31, S. 14-30.

CROSSLAND, C. (1927): Marine Ecology and Coral Formation in the Panama Region. Trans. Of the Roy Soc. of Edinburgh, 55, S. 552-554.

CROSSLAND, C. (1928): Coral Reefs of Tahiti, Moorea and Rarotonge. Lim. Soc. London. J. Vol. 36, S. 577 bis 620.

CROSSLAND, C. (1931): The Coral Reefs of Tahiti compared with the Great Berrier Reefs. Geog. J. Vol. 77, S. 395-396.

CROSSLAND, C. (1939): Topography of the Red Sea Floor. Publ. Marine Biol. Stat. Guardaga 1.

CULLIS, C. G. (1904): The Mineralogical Changes Observed in the Cores of the Funafuti Borings. Rept. of the Coral Reef Committee of the Roy. Soc. London, S. 392.

CUMINGS, E. R. und SHROCK (1928) nach U. LEHMANN: Paläontologisches Wörterbuch, Hamburg (1964).

CUMINGS, E. R. (1932): Reefs and Bioherms. Bull. Geol. Soc. Amer. Vol. 3, S. 331-352.

CUZENT, G. (1884): Archipel des Tomotu. Bull. de la Soc. Acad. de Brest, II, 9, S. 49-90.

DALY, R. A. (1915): The Glacial Control Theory of Coral Reefs. Proc. Amer. Acad., 51.

DALY, R. A. (1915): The Glacial-Control Theory of Coral Reefs Problem. Am. J. Sci. Ser. 4, Vol. 30.

DALY, R. A. (1910): Pleistocene Glaciation and the Coral Reef Problem. Amer. J. of Sci., 30.

DALY, R. A. (1963): The Changing World of the Ice Age. New York and London, zuerst 1934.

DALY, W. M. (1915): Amer. Acad. Arts and Sci., Vol. 5, S. 198.

DANA, J. D. (1849): Geology. United States Exploring, New York, 10, S. 1-157.

DANA, J. D. (1872): Corals and Coral Islands. New York, S. 138.

DAVID, T. W., HOLLIGEN, C. H. und FINCKH, A. E. (1904): Report on Dredging at Funafuti. Rep. of the Coral Reef Com. Roy. Soc. London, S. 151-159.

DAVIS, W. M. (1928): The Coral Reef Problem. Amer. Geog. Soc. Spec. Publ. No. 9.
DAVIS, M. W. (1928): Die Entstehung von Korallenriffen. Z. Ges. für Erdk., Berlin, S. 359-391.
DAVIS, W. M. (1925): Correspondence: The Great Barrier Reef Geogr. J. 65, S. 554.
DAVIS, W. M. (1926): The Lesser Antilles. Amer. Geogr. Soc., New York.
DAVIS, W. M. (1917): The Great Barriere Reef of Australia. The Amer. J. of Sci. 4, Vol. XLIV No. 263, Nov.
DAKIN, W. J. (1963): The Great Barriere Reef and some mention of other Australian Coral Reefs. 2nd Ed. Austr. Nat. Travel Ass.
DARWIN, Ch. (1874): The strukture and distribution of coral reefs. London. Deutsche Ausgabe von Carus, Stuttgart (1876).
DEGENER, C. und CILLASPY, E. (1955): Canton Islands. Atoll Research Bull., No. 41, S. 15.
DIETRICH, G. und KALLE, K. (1957): Allgemeine Meerkunde. Berlin.
DIXEY, F. (1957): The East African Rift System. London H. S. M. O.
DOANE, E. T. (1861): Remarks upon the Atoll of Ebon in Micronesia. Amer. J. of Sci. and Arts, 2, (1), S. 318.
DOBRIN, M. B., SNAVELYN, Bl., WHITE, G. u. A. (1946): Seismic refraktion survey of Bikini Atoll. Bull. Geol. Soc. Am., Vol. 57, S. 1189.
DONOVAN, D. T. (1962): Sea levels of the last glaciation. Bull. Geol. Amer. Soc. 73, (10), S. 1297.
DOUMENGE, M. F. (1962): Observations àpropos des formation coraliennes de l'ile Wallis. Bull. de láss. de Géographes Francais.
DU MONT, P. A. und NEFF, J. A. (1955): Report on the Midway Islands — Albatros Study. US Aire Force, Jan. 1.
EARLE, W. (1845): On the Physical Strukture and Arrangements on the Islands of the Indian. A. Journ. Roy. Geogr. Soc., 15, S. 358.
EHRENBERG, C. G. (1832): Über die Natur und Bildung der Koralleninseln ... im Roten Meer. Abh. Kg. Preuss. Ak. der Wiss. Berlin. 1832 und 1834.
EILERS, A. (1934): Inseln um Ponape. Erg. der Südsee-Expedition 1908-1910. Hamburg.
EMERY, K. O. (1946): Marine Geology of Hohnston Island and Its Sorrounding Shallows. Bull. of the Geol. Soc. of Amer. 67, S. 1505-20.
EMERY, K. O. (1948): Submarine Geology of Bikini Atoll. Geol. Soc. Am. Bull. 59, S. 855-860.
EMERY, K. O., TRACEY, J. I. und LADD, H. S. (1949): Submarine Geology and Topography in the Northern Marshalls. Trans. Am. Geoph. Union, Vol. 30, S. 55-58.
EMERY, K. O., TRACEY, J. I. und LADD, H. S. (1954): Geology of Bikini and Nearby Atolls. US Geol. Surv. Pap. 260 A.
EMERY, K. O. und COX, D. (1956): Beachrock in the Hawaiian Islands. Pacific Sci., 10, S. 382-402.
EMILIANI, C. (1955): Pleistocene Temperatures. J. of Geol. 63, S. 538-578.
ESCHER, B. G. (1922): Atollen in de Ned. Oast-Ind. Archipel. Med. Emyelop. Bureau, Batavia XXII.
EWING, M. und DONN, W. L. (1956): A Theory of Ice Ages. Science Vol. 123, S. 1016-1066.
FAIRBRIDGE, R. W. (1946): Notes on the Geomorphogy of the Pelsart Group of the Abrolhos Islands. J. Roy. Soc. Western Australia, 33, S. 1-43.
FAIRBRIDGE, R. W. und GILL, E. D. (1947): The Study of Eustatic Changes of Sea-level. Austr. Journ. of Sci. X, 3, S. 63-67.
FAIRBRIDGE, R. W. und TEICHERT, C. (1948): The Low Isles of the Great Barriere Reef. Geogr. J. 111, S. 1-3.
FAIRBRIDGE. R. W. und TEICHERT, C. (1948): Some Coral Reefs of the Sahul Shelf. Geogr. Rev., 38, No. 2, S. 222-249.
FAIRBRIDGE, R. W. und TEICHERT, C. 1950): Landslite Patterns on Oceanic Volcanoes and Atolls. Geogr. J.
FAIRBRIDGE, R. W. und TEICHERT, C. (1950): Recent and Pleistocene Coral Reefs of Australia. J. Geol., 58, S. 330-401.
FELIX, J. (1904): Studien über tertiäre und quartäre Korallen und Riffkalke ... Z. d. Dtsch. Geol. Ges. LVI.
FRANCE, R.H. (1930): Korallenwelt, der siebente Erdteil. Stuttgart.
FRYER, J. C. F. (1910): The S-W-Indian Ocean. Geogr. J., Vol. 36, S. 251-271.
GARDINER, J. S. (1901): The Fauna and Geography of the Maledive and Laccadive Archipelago. Cambridge, Vol. I, S. 9.
GARDINER, J. S. (1901): The Fauna and Geography of the Maledive and Laccadive Archipelago, Cambridge, Vol. I, S. 9.
GARDINER, J. S. (1905): The Indian Ocean. Geogr. J., Vol. 28, S. 313-322 und 454-471.
GARDINER, J. S. (1905 und 1931): Coral Reefs and Atolls. Nature.
GIBBIN, R. (1948): Over the Reefs. London.
GILL, E. D. (1948): Geology of the Point Lonsdale-Queenscliffarea. Victoria Vic. Naturalist, Vol. 65, S. 1-10.
GILLET, K. und McNEILL, F. (1959): The Great Barriere Reef and Adjacent Isles. Sydney.
GORDON, M. S., KELLY, H. M. (1962): Primary Productivity of an Hawaiian Coral Reef. Ecology, 43, S. 473-480.
GOREAU, T. and HARTMANN, W. D. (1963): Mechanism of Hard Tissue Destuction. Am. Assoc. Adv. Sci. Pub. 75, Chapter 2 pp 25.
GRAVIER, C. (1911): Les récifs de coreaux et les madréporaires de la Baia de Tadjourah. Ann. Inst. Océano II, S. 1-96.
GRESSIT, J. L. (1952): Description of Kayangel Atoll, Palau Islands. Atoll Research Bull. No. 14, 15.
GRIMSDALE, T.F. (1952): Cyclopeus in the Kunafuti Boring and Ist Geological Significance. The Challanger Soc. No. 2, S. 1-11.
GUILCHER, A. (1952): Morphology sous-marine et réifs coralliens du Nord du Banc Farasan. Bull. Ass. Geogr. Francaise, No. 224-225, S. 52.
GUILCHER, A. (1952): Formes et processus dérosion sur les recifs coralliens du nord du Banc Farsan. Rev. geomorph. Dyn., S. 261.
GUILCHER, A. (1955): Geomorphologie de léxtréite septentrionale du Banc Farsan. Ann. Inst. Océanogr. 30, S. 55.
GUILCHER, A. (1956): Etude géomorph. des récifs corallien du Nord-Quest de Madagaskar. Ann. Inst. Océanogr., Vol. 33, S. 65.
GUILCHER, A. (1958): Coastal and submarine geology. London.
GUILCHER, A. (1964): Coastal and submarine Morphology. London.
GUPPY, H. B. (1887): The Salomon Islands. London.
GRAUL, H. (1959): Der Verlauf des glacial-eustatischen Meeresspiegelanstieges berechnet an Hand von C-14-Datierungen. Dtsch. Geographentag. Berlin.
GRIGG, L. (1955): Underwater Observatory, Green Land, North Queensland. Walkabout 21, 10, S. 41.

HAHN, H. (1950): Neuere australische Arbeiten zum Problem der eustatischen Strandversch. Erdkunde Bd. 3-4.

HANZAWA, S. (1942): Coral Reefs. Sci. of the Ocean, Vol. 2, No. 7, S. 470-485.

HANZAWA, S. (1940): Micropaleontological Studies of Droll-cores from a Deep Well in Kaito-Daito Zinne. Jubilee Publ. of Prof. H. Yabes 60th Birthday, Vol. 2, S. 755.

HAMILTON. E. L. und REX, R. W. (1957): Lower Eocene Phosphatized Globigerina Oze from Sylvania Guyot. Proc. Ninghth Pacific Sci. Congr., Pac. Sci. Ass., 12, S. 280.

HAMILTON, E. L. und REX, R. W. (1957): Marine Geology of the Southern Hawaiin Ridge. Bull. of the Geol. Soc. of Am. 68, S. 1011.

HARTMEYER, R. (1909): Die Westindischen Korallenriffe und ihr Tierleben. Meereskunde, Berlin, 3, H. 2.

HESS (1946): Drowned Ancient Islands of the Pacific Basin. Amer. J. Sci. 244, S. 772-791.

HEYERDAHL, T. (1950): The Voyage of the Reft Kon-Tiki. Geogr. J. 115, S. 20-41.

HILL (1963): The Sea. London-New York, Vol. III.

HINDE, G. J. (1904): Report on Funafuti Atoll Boring. Report on the Coral Reef Com. of the Roy. Soc. London.

HOFFMEISTER, J. E. (1930): Erosion of Elevated Fringing Coral Reefs. Geol. Mag. 67, V, S. 549-554.

HOFFMEISTER, J. E. und LADD, H. S. (1935): The Foundation of Atolls. J. Geol. Vol. 43, S. 653-665.

HOFFMEISTER, J. E. und LADD, H. S. (1944): The Antecedent Platform Theory. J. Geol. Vol. 52, S. 388 bis 402.

HOUON, G. S. Deep Diving by Bathyscape off Japan. Nat. Geogr. 117, (1), S. 138-150.

HUME, W. F. (1901): Sur la géologie du Sinai oriental. Congr. géol. intern. Compt. rendus de la VIII Sess en France, 2, S. 913.

HUME, W. F. und LITTLE, O. H. (1928): Raised Beaches and Terraces of Egypt. Int. Geogr. Union. Oxford, S. 9 bis 15.

HUXLEY, A. (1963): Oceans and Islands. London.

JARDINE, F.: The physiography of the Port Curtis District. Transactions of the Royal Geogr. Soc. of Australia, Queensland, V. 1. (1925)

JOUBIN, L. (1912): Banc et récifs de coraux. Ann. de Inst. Oc., Vol. 4, No. 2.

JUKES, O. (1918): An alternative View. Ann. J. of Sci.

JUX, U.: Die devonischen Riffe im Rheinischen Schiefergebirge. Neues Jahrbuch Geol. u. Paläont. Abh. 110, 2, S. 186-258 und 3, S. 259-392.

KNAUSS, J. A. und BRUCE (1964): Ein äquatorialer Unterstrom im Indischen Ozean. Science Bd. 143, Nr. 3604, S. 354-356.

KOLP, O. (1964): Der eustatische Meeresanstieg im älteren und mittleren Holozän ... Petermanns Geogr. Mitt. 108.

KORNICKER, L. S. und SQUIRES, D. F. (1962): Floating corals. Lim. and Oceanogr. 7, (4), S. 447-452.

KUENEN, P. H. (1933): Geology of the Coral Reefs. The Snellius Exped. Vol. 5, H. 2. S. 125.

KUENEN, P. H. (1947): The Borings on Maratoea Atoll ... Verh. Koninck. Nederl. Akad. Wetsch. af Naturk. 43, 2, 3.

KUENEN, P. H. (1947): Two Problems of Marine Geology: Atolls and Canyons. Kon. Ned. Akad. Wet., Werk, Dl. 43, No. 3, S. 169.

KUENEN, P. H. (1950): Marine Geology. New York-London.

KUENEN, P. H. (1951): An Argument in Favour of glacial control of coral Reefs. J. Geol. Vol. 59, No. 5, S. 503 bis 507.

KRÄMER, A. (1927): Entstehung und Besiedlung der Korallenbauten. Stuttgart.

KREMPF, A. (1930): La forme des récifs coralliens et le régime des vents alternantes. 4th Pacific Sci. Cong. Proc., Vol. 21, S. 477-480.

LADD, H. S. (1950): Recent Reefs. Bull. Amer. Ass. Petrol. Geol. 34, Oklahoma.

LADD, H. S.: Reef Building. Science Vol 134, No. 3481, S. 703-715.

LADD, H. S.; TRACEY, J. T.; WELL, J. W. und EMERY, K. O. (1950): Organic Growth and Sedimentation on an Atoll (Bikini). J. Geol., 58, Chicago.

LADD, H. S.; INGERSON, E.; TOWNSEND, R. C.; RUSSEL, M. und STEPHENSON, H. K. (1953): Drilling on Eniwetok Atoll. Bull. Am. Ass. Petrol. Geol. Vol. 37, S. 2257-2280.

LADD, H. S. SCHLANGER, S. O. (1960): Drilling Operations on Eniwetok Atoll, Bikini and nearby Atolls. US Geol. Surv. Prof. Pap. 260-Y, S. 863-903.

LADD, H. S. und TRACEY, Jr. (1949): The Problem of Coral Reefs. Sci. Monthly 69 (5), S. 1-9.

LAUGHTON, A. S. (1958): La Topographie et la Geologie des Profundeurs Océaniques. Colloques Int. du Centre Nat. de la Rech. Sci. LXXXIII Nice.

LENDENFELD, R. (1902): Das große australische Wallriff. Z. Geogr. Vol. 8, S. 369-379.

LENOX-CONYNGHAM, G. and POTTS, F. A. (1925): The Great Barriere Reef, Geogr. J. 65, S. 314-334.

LEHMANN, U. (1964): Paläontologisches Wörterbuch. Stuttgart.

LLOYD, E. R. (1939): Theory of Reef Barriers. Bull. Amer. Assoc. Petrol. Geol., 22, Oklahoma.

LOUIS, H. (1961): Allgemeine Geomorphologie. Berlin.

MA, T. Y. H. (1957): Marine Terraces in the Western Pacific and the Origin of Coral Reefs. 9th. Pacific Sci. Congr. Pac. Sci. Ass. 12.

MACFADYEN, W. A. (1930): The Geology of the Farsan Islands, Gizan and Kamaran Island, Red Sea. Geol. Mag. 67, S. 310-315.

MACFADYEN, W. A. (1930): The Undercutting of Coral Reef Limestone on the Coast of some Islands in the Red Sea. Geogr. J. 75, S. 27-34.

MAC NEIL, F. S. (1954): The Shape of Atolls. Am. J. of Sci., 252, S. 402-427.

MARMER, H. A. (1948): Is The Atlantic Coast sinking? Geogr. Rev. 38, S. 652-657.

MARSHALL, P. (1931): Coral Reefs-rough-water and calm-water Types. Great Barrier Reef Comm. Rep. Vol. 3, S. 64-72.

MARTIN, K. (1896): Zur Frage nach der Entstehung des Ost- und West-Indischen Archipels. Geol. Zeitschr. 2.

MACLAREN (1842) nach PENCK, A. (1936).

MAURY, F. M. (1963): The Physical Geography of the Sea. Cambridge, Massachusetts.

MAYOR, A. G. (1924): Growth Rate of Samoan Corals. Carnegie Inst., Dep. of Marine Biol., 19.

MAYOR, A. G. (1924): Structure and Ecology of Samoan Reefs. Carnegie Inst. Washington 340, S. 1-24.

MC CURDY, P. G. (1947): Manual of Coastal Delineation from Aerial Photographs. Hydrographic Offici Pub. 592, Washington.

MC KEE, E. D. (1958): Geology of Kopingamarangi Atoll. Buul. of the Geol. Soc. of Am. 69, S. 241-278.

MENARD, H. W. und ALLISON, E. C. (1962): A Drowned Miocene Terrace in the Hawaiin Islands. Science, 138, S. 896-897.

MERTENS, R. (1958): Als Zoologe in Australien. Natur und Volk 88, 11, S. 369.

MILNE (1875): Geologic Notes on the Sinaitic Peninsula and N-W-Arabia. Quart. J. Geol. Soc. 31, S. 1 ...

MOLENGRAAFF, G. A. F. (1913): Foldet Mountain Chain ... in the East Indian Archipelago. Comp. Rendu Congr. Géol. Internat. XII e Session, Canada, Ottawa.

MOLENGRAAFF, G. A. F. (1921): Modern Deep-Sea Research in the East Indian Archipelago. Geogr. J. Vol. 57, S. 95-121.

MOLENGRAAFF, G. A. F. (1921): On Recent Crustal Movements in the Islands of Timor ... Proc. Roy. Acad., Amsterdam, Vol. 15, S. 224.

MOLENGRAAFF, G. A. F. (1916): The Coral Reef Problem and Isostasy. Proc. Roy. Acad., Amsterdam 19, S. 610.

MOLENGRAAFF, G. A. F. (1929): The Coralreefs in the East Indian Archipelago ... Proc. 4th. Pac. Sci. Congr., Java, Vol. 2.

MOLENGRAAFF, G. A. F. (1916): Het Problem der Koraaleneilanden en de isostasie. Versl. K. Akad. Wet. Amsterdam XXV, S. 215-231.

MOLENGRAAFF, G. A. und WEBER, M. (1919): Het Verband tusschen den pleistoceenen ijstijd en het ontstaan der Soenda Zee en de invloed daaroan op de verspreiding der Koraalenriffen en op de land-en zoetwaterfauna. Versl. K. Akad. Wet. Amsterdam 27, S. 507.

MONKMAN, N. (1956): Escape to Adventure. Sydney.

MOORE, D. R. und BULLIS, H. R. (1960): A Deep Water Coral Reef in the Gulf of Mexico. Bull. Marine Sci. Gulf Caribbeab, 10, S. 125-128.

MOORE, G. M. (1956): Aragonite Speleotherms as Indicators of Paleotemperature. Am. J. Science, Nem Haven, S. 254.

MURAWSKI, H.: Geolog. Wörterbuch (1957), (1963).

MURRAY, J. (1880): On the Strukture and Origin of Coral Reefs and Islands. Proc. Roy. Soc., Edinburgh, Vol. 10, S. 505-518.
oest-Indie Archipel. Tidschr. K. Ned. Gen. 2, 28, S. 880.

MURRAY, J. (1880): On the Strukture and Origin of Coral Reefs and Islanda. Proc. Roy. Soc. Edinburgh, X, S. 505-518.

MURRAY, J. (1887): Strukture, Origin and Distribution of Coral Reefs and Islands. Proc. Roy. Inst. XII, S. 251 bis 262.

NAPIER, S. E. (1928): On the Barriere Reef. Angus and Robertson, Sydney.

NATHAN, M. (1927): The Great Barriere Reef of Australia. The Geogr. J. Vol. LXX, No. 6, Dec.

NESTEROFF, W. D. (1964): Quelques résultats géologiques de la campagne de la „Calypso" en Mer Rouge. Deep-Sea Research 2, S. 274.

NESTEROFF, W. D. (1955): Les récifs coralliens du Banc Farsan Nord. Ann. Inst. Océan., 30, S. 7.

NEWELL, N. D. (1954): Reefs and Sedimentary Process of Raioia. Atoll Research Bull., No. 36, S. 30.

NEWELL, N. D. (1955): Bahamian Platforms. Geol. Soc. Am. Spec. Pap. 62, S. 303-315.

NEWELL, N. D. (1956): Geological Reconnaissance of Rarioa Atoll. Bull. Am. Mus. of Nat. Hist. 109, 3.

NEWELL, N. D. (1959): West Atlantic Coral Reefs. Am. Ass. for the Adv. of Sci., Washington, S. 286-287.

NEWELL, N. D. und RIGBY, J. K. (1957): Geological Studies on the Great Bahama Bank. Soc. Econ. Paleont. Mineral. Spec. Publ., 5, S. 15-79.

NEWELL, N. D. und RIGBY, J. K. (1951): Shoalwater Geology and Environments Eastern Andros Island. Bull. Am. Mus. Nat. Hist., V. 97, S. 1-29.

NEWELL, N. D. und RIGBY, J. K. (1955): The Permian Reef Complex of the Guadelope Mountains Region. San Franzisco.

NIERMEYER, J. F. (1911): Barriere-riffen en atollen in de

ODEM, H. T. und ODEM, E. P. (1955): Tropic Structure and Productivity of a Windward Coral Reef on Eniwetok. Ecol Monographs, 25, S. 291-320.

ODEM, H. T. und ODEM, E. P. (1956): Pacific Island Pilot. Vol. I, 8th Edition.

PANZER, W. (1933): Junge Küstenhebungen im Bismarckarchipel. Geogr. Wochenschrift 1, Nr. 5/6.

PAX, F. (1962): Meeresprodukte. Berlin.

PETTERSON, H. (1958): The Ocean Floor. New Haven.

PIA, J. v. (1942): Übersicht über die fossilen Kalkalgen und die geologischen Ergebnisse ihrer Untersuchung. Mitt. alp. geol. Ver., 33.

PIRSSON, L. V. (1914): Geology of Bermuda Island. Am. J. Sci., Vol. 38, S. 189.

PRAT, H. (1935): Les forms dérosion littorale dans l'archipel des Bermudas ... Rev. Géog. phys. géol. dyn. Vol. 8, S. 257-283.

PRATJE, O. (1936): Der Nachweis von Hebungen und Senkungen durch Koralleninseln. Natur und Volk, Bd. 66, H. 1, S. 29-37.

PULLEY, T. E. (1963): Texas to the Tropics. Bull. Houston Geol. Soc. 6 (4), p. 13.

RANSON, G. (1954): Observations sur le Iles de l'Archipel Tuamotu. Océan. Franc. No. 273, S. 65-72.

RATHJENS, C. und v. WISSMANN, H. (1933): Morphologische Probleme im Graben des Roten Meers. Pet. Mitt., 79, S. 113-117.

RATHJENS, C. (1962): Probleme des Wasser- und Salz-Haushalts des Roten Meers. Festschrift für H. v. Wissmann, Tübingen.

RATTRAY, A. (1869): Mainland Geology of the Cape York Peninsula. Quart. F. Geol. Soc. London, S. 303.

REIN, J. J. (1881): Die Bermuda Inseln und ihre Korallenriffe. Verh. D. Geogr. Tag., Band I, S. 29-46.

REIN, J. J. (1870): Beiträge zur physikalischen Geographie der Bermuda Inseln. Ber. Senck. Naturf. Ges., S. 140 bis 178.

REMANE, A. und SCHULZ, E. (1964): Wissenschaftliche Ergebnisse einer Forschungsreise nach dem Roten Meer. Kieler Meeresforschungen, Band XX.

RICHARDS, H. C. (1939): Recent Sea-level Changes in Eastern Australia. Proc. 6th. Pac. Sci. Congr., S. 853 bis 856.

RICHARDS, H. C. und HILL, D. (1942): Great Barrier Reef Bores 1926 and 1937. Rep. Great Bar. R. Com., Vol. 5, S. 122.

RICHARDS, H. C. (1920-22): Problem of the Great Barriere Reef. Queensland Geogr. J. NS 36/37, S. 42.

RICHARDS, H. C. and HEDLEY, C (1922-23): The Great Barriere Reef of Australia. Queensland Geogr. J. N 38, S. 105.

RICHARDS, H. G. (1940): Results of Deep Boring Operations on the Great Bar. Reef. Proc. 6th. Pac. Sci. Congr. V. 2, S. 857.

RICHARDS, H. G.: Studies of the marine Pleistocene. Trans. Amer. Phil. Soc. N. S. 52.

ROTHPLETZ (1893): Stratigraphie von der Sinaihalbinsel. N. Jahrb. f. Miner. 1, S. 104.

ROUGHLEY, T. C. (1947): Wonders of the Great Barrier Reef. Sydney.

RÜHL, A. (1906): Beiträge zur Kenntnis der morphologischen Wirksamkeit der Meeresströmungen. Inst. f. Meereskunde, H. 8.

RUSSEL, R. J. (1964): Techniques of Eustasy Studies. Z. Geomorph. N. F. Bd. 8, Sonderheft.

RUTTEN, L. (1919): Die geologische expeditie naar Geram. Tidschr. K. N. Aardr. Gen. XXXVI, S. 460.

SACHET, M. H. (1959): A Summary of Informatio on Rose Atoll. Atoll Research Bull., No. 29, S. 31.

SAINT-GUILY, B. (1959): Note sur l'action de la force Coriolis dans la circulation convective. Bull. de 1. Inst. Océan. V. 56, Nr. 1148.

SAUER, C. O. (1957): The End of the Ice Age and Its Witnesses. Geogr. Rev., 47, S. 29-43.

SAVILLE-KENT, W. (1893): The Great Barrier Reef of Australia. London.

SCHICK, A. P. (1958): Tiran: The Straits, the Island and its Terraces. Israel Explor. J. Vol. 8.

SCHMIDT, W. (1923): Die Scherms an der Rotmeerküste von el-Hedsches. Pet. Mitt. 69, S. 118-121.

SCHWARZBACH, M. (1961): Das Klima der Vorzeit. Stuttgart.

SCHIEFERDECKER, A. A. G. (1959): Geological Nomenclature. Gorinchem.

SCHOTT, G. (1935): Geographie des Indischen Ozeans und des Stillen Ozeans. Hamburg.

SEIBOLD, E.: Das Korallenriff als geologisches Problem. Naturw. Rundschau, 15, S. 357-363.

SEIBOLD, E. in R. BRINKMANN (1964): Lehrbuch der Allgemeinen Geologie. Stuttgart.

SEMPER, C. (1863): Reisebericht Palau Inseln. Zeitschrift f. wiss. Zool. XIII, S. 558-570.

SETON-THOMSON (1953): The Evidence of South Arabien Peleoliths in the question of Pleistocene Landconnection with Africa. Proc. Preh. Soc. 19, S. 189 bis 218.

SHEPARD, F. P. (1961): The Earth beneath the Sea. Baltimore.

SHEPHARD, F. P. (1963): Submarine Geology. New York.

SHEPHARD, F. P. (1964): Sea-level Rise during the last 20 000 Years. Z. Geomorph., SUPL. Bd. 3, S. 30.

SHEPHARD, F. P. und SUESS, H. E. (1956): Rate of Postglacial Rise of Sea-level. Science, Vol. 123, S. 1082.

SEMPER, K. (1862): Reise durch die nördlichen Provinzen der Insel Luzon. Zeitschr. f. Allgem. Erdkunde, Berlin, S. 85.

SEWELL, R. B. S. (1932): The Coral Coast of India. Geigr. J. 79, S. 449-465.

SNELLIUS EXPED. (1931): Geogr. J. 77, S. 90-91.

SPENDER, M. (1930): Island-Reefs of the Queensland Coast. Geogr. J. 76, S. 193.

SPETHMANN, H. (1933): Die tiefmeerische Entstehung von Schichtstufen. Geogr. Wochenschr. 1, S. 1055.

STANLEYS (1928): Reports of the Great Barrier Reef Com. Vol. 2, S. 1-51.

STEARNS, H. T. (1945): Decadent Coral Reef on Eniwetok. Bull. Geol. Soc. Am., Vol. 56, S. 783.

STEARNS, H. T. (1946): An Integration of Coral-Reef Hypotheses. Am. J. Sci., Vol. 244, S. 245-262.

STEERS, J. A. (1940): The Coral Cays of Jamaica. Geogr. J., Vol. 95, S. 30-42.

STEERS, J. A. (1937): The Coral Islands and Associated Features of the Great B. R. Geogr. J., Vol. 89, S. 119 bis 146.

STEERS, J. A. (1929): The Queensland Coast and the G. B. R. Geogr. J., Vol. 74.

STEERS, J. A. (1929): The Queensland coast and the Great Barriere Reef. G. J., Vol. 74, 3, S. 232 und 4, S. 341.

STEERS, J. A. (1937): The Coral islands and assoc. features of the G. B. R. G. J., Vol. 89, No. 1.

STEERS, J. A. (1932): Evidences of recent movements of sea-level on the Queensland coast. Comles Rendus du Congr. Int. de Geogr. Paris, Band II, I Paris 1933, S. 164.

STEPHENSON, T. A. (1946): Coral Reefs. Endeavour, Vol. 5, S. 96-106.

STODDARD, D. R. (1962): Three Carribean Atolls, British Honduras. Atoll Res. Bull., 87, S. 151.

TAYAMA, R. (1935): Table Reefs. Proc. of the Imper. Acad. of Japan 11, S. 268-270.

TAYLOR, T. C. und HEDLEY, C. (1907): Coral Reef of the G. B. R. Rep. Austr. Ass. Adv. Sci., 11, S. 402.

TAZIEFF, H. (1952): Une récente campagne océanographique en Mer Rouge. Bull. Soc. Belge de Géol. 61.

TEICHERT, C. (1958): Cold- and Deep-water Coral Bancs. Bull. Am. Assoc. Petrol. Geologists, Vol. 42, No. 5, S. 1064-1082.

TERMIER, H. u. G. (1963): Erosion and Sedimentation. London.

TESTER, A. C. (1948): Marine Terraces of the Pacific Ocean Area. Ist. Geol. Congr. XVIII, G. B.

TIBBETTS, G. R. (1961): Arab Navigation in the Red Sea. Geogr. J., 127, S. 322.

TRACEY, J. J. jr. and LADD, H. S.: Submarine geology and topography in the northern Marshalls. Am. Geophys. Union Trans., Vol. 30, pp. 55.

TWENHOFEL (1950): Principles of Sedimentation. New York.

TYERMAN, D. und BENNET, G. (1832): Journal of Voyages ... in the South Sea. Boston.

UMBGROVE, J. H. F. (1947): Coral Reefs of the East Indies. Bull. Geol. Soc. Amer., 58, New York.

VALENTIN, H. (1950/51): Das gegenwärtige Steigen des Meeresspiegels. Die Erde, Bd. II, H. 3-4.

VALENTIN, H. (1954): Die Küsten der Erde.

VAUGHAN, T. W. (1916): On Recent Madreporia of Florida ... Carnegie Inst. Washington, S. 220.
und: Bull. Geol. Soc. Amer., Vol. 27, (1916), S. 41.

VERSTOPPEN, H. T. (1954): The Influence of Climatic Changes on the Formation of Coral Islands. Am. J. Sci., Vol. 252, S. 428-435.

VERWEY, J.: The Deepths of Coral Reefs in Relation to their Oxygen Consumption and the Penetration of Light in the Water. Treubia. pt. II, Vol. 3, S. 169-198.

VOELTZKOW, A. (1903): Berichte über eine Reise nach Afrika ... Z. Ges. F. Erdk., Berlin, S. 560-591.

WALTHER, J. (1888): Die Korallenriffe der Sinaihalbinsel. Abh. d. K. S. Ges. d. Wiss. Leipzig, 14, No. X, S. 66.

WALTHER, J. (1891): Die Adamsbrücke und die Korallenriffe der Palkstraße. Peterm. Mitt. Erg. Heft 102.

WALTHER, J. (1915/16): Durch das australische Wallriff und Java. Mitt. d. Ges. f. Erdk. zu Leipzig.

WARHAM, J. (1963): Pacific discovery. Vol. 16, Nov. 1 Jan.-Feb., S. 2.

WERTH, E. (1901): Lebende und jungfossile Korallenriffe in Ost-Afrika. Z. Ges. f. Erdk., Berlin, S. 115-144.

WERTH, E. (1952): Die eustatischen Bewegungen des Meeresspiegels während der Eiszeit und die Bildung der Korallenriffe. Mainzer Akad. d. Wiss. und der Lith., Abh.

WELLS, J. W. (1951): The Coral Reefs of Arno Atoll. Atoll Research Bull., 15.

WELLS, J. W. (1957): Coral Reefs. Mem. Geol. Soc. Amer., 67.

WHARTON, W. J. L. (1897): Foundation of Coral Atolls. Nature 4, S. 390-393.

WHARTON, A. J. L. (1857): Foundation of Coral Atolls. Natur, 55, S. 390.

WIENS, H. (1959): Atoll Development and Morphology. Ann. Ass. Am. Geogr., Bd. 49, S. 51-54.

WIENS, H. (1962): Atoll Environment and Ecology. New Haven.

WIENS, H. J. (1959): Atoll Development and Morphology. Annals of the Assoc. of Am. Geogr. *49*, S. 31.

WOLDTSTEDT, P. (1961): Das Eiszeitalter. Stuttgart.

WÜST, G. (1963): On the Stratification and the Circulation in the cold water Sphere of the Antillen-Caribbean Basin. Deep-Sea Research, *10*, S. 165.

YABE, H. und SUGIYAMA, T. (1932): Reef Corals found in the Japan Seas. Sci. Rep. Tohaku Imp. Univ. II.

YABE, H. und SUGIYAMA, T. (1937): Depths of Atoll-Lagoons in the South Sea Islands. Proc. of the Imperial Acad. of Japan, *13*.

YABE, H. und SUGIYAMA, T. (1942): Problems of the Coral Reefs. Univer. Geol. and Paleontol. Inst. Rep. Tohoku *39*, S. 1-6 (Japanisch).

YONGE, C. M. (1940): The Biology of Reef-building Corals. Sci. Rep. of the Br. Mus. of Nat. Hist. London I, No. 13, S. 353-393.

YONGE, C. M. (1951): La forme des récifs corail. Endeavour, Vol. *10*, no. 39, S. 136-144.

YONGE, C. M. (1930): A Year on the G. B. R. London.

# Allgemeine Anleitung zur Signatur auf den Schnitten der Abbildungsseiten 41-66

1. Die Schnitte sind Seekarten der verschiedenen Nationen entnommen. Die herausgebende Nation und die Nummer der verwendeten Seekarte (diese Angaben beziehen sich immer auf den letzten bis 1965 herausgekommenen Seekartenkatalog) aus der der Schnitt entnommen ist, stehen unter den Profilen. Es bedeuten:

| | |
|---|---|
| A. | = Australische Seekarte |
| Br. | = Britische Seekarte |
| D. | = Deutsche Seekarte |
| Fr. | = Französische Seekarte |

Die Amerikanischen Seekarten sind in zwei Komplexe unterteilt:

| | |
|---|---|
| C. G. S. | = Karten der amerikanischen Hoheitsgewässer |
| und | |
| H. O. | = Karten der Gewässer außerhalb der amerikanischen Hoheitsgebiete |
| dann | |
| J. | = Japanische Seekarte |
| N. | = Niederländische Seekarte |

Weitere Spezialkarten werden in Klartext am Profil vermerkt.

2. Normalerweise beträgt der Längenmaßstab in der vorliegenden Arbeit 1 : 2 500 000. Bei besonders vermerkten Abweichungen gilt: dieser Maßstab ist extra unter dem Profil vermerkt. Ausgefallene Maßstäbe erklären sich einmal aus den Umrechnungen angelsächsischer Karten, dann durch Projektion von Mikrofilmen und Stauchungen, die in manchen Fällen nötig waren, um auf der von den Blättern vorgegebenen Größe abbilden zu können.

3. Der Tiefenmaßstab beträgt immer 1 : 250 000, d. h. 1 Millimeter des Profils sind 2,5 m in der Natur; Abweichungen sind markiert.
Die Überhöhung der Schnitte beträgt also in der Regel 1 : 100.

4. Die Wasserspiegelhöhe, als waagerechter Strich über den Profilen als 0-Meter bezeichnet, bezieht sich auf Seekartennull für den betreffenden Ozean.

5. Jeder Schnitt trägt eine Nummer; die Numerierung ist fortlaufend für ein Teilgebiet oder einen Ozean, sie wandert von West nach Ost und dann von Nord nach Süd, es sei denn, es ist, wie beim Großen Barriere Riff, extra anders angegeben.

6. Die Kreise in den Profilen bedeuten je einen, aus der angeführten Seekarte entnommenen Lotungspunkt. Die Tiefenangaben der Lotungen sind, wenn es sich um nichtmetrische Werte handelt, stets auf Meter umgerechnet und so aufgetragen. Die Lotungspunkte sind immer durch Geraden verbunden, um keiner subjektiven Spekulation über das Relief des Bodens Raum zu geben.

7. Pfeile an der Profillinie bedeuten dreierlei:

7.1 vom letzten abgebildeten Lotungspunkt des Außenabfalls eines Riffs wird ein Pfeil in die Tiefsee hineingezeichnet; ist ein Lotungspunkt unterhalb der letzten dargestellten Lotung in der Richtung des Profils bekannt, so weist der Pfeil auf diesen Wert hin.

7.2 Liegt keine weitere Lotung im Profilverlauf vor, so wird die letzte aufgetragene Böschung über den letzten Lotungspunkt hinaus verlängert.

7.3 Treten Pfeile auf sehr breiten Riffkomplexen auf, und weisen sie auf ein Fragezeichen hin, so zeigen sie eine flache, aber nicht ausgelotete oder auch mehrere Lagunen an, die für die Auswertung keine Rolle spielen.

8. Zueinander passende und Fortsetzungsschnitte tragen die selbe Schnittnummer und werden durch a, b usw. unterschieden.

9. Richtung und Lage der Schnitte geht, wenn es sich nicht um Inseln, etwa wie Atolle, handelt, bei denen es wegen der Gestalt egal ist, wie man sie schneidet, aus den beigegebenen Karten hervor.

10. Die das Riff schneidende Gerade ist die Hilfslinie, durch die die maximal möglichen Ansatztiefen der Korallenriffe ermittelt wurden. Da, wo sie das Außenriff schneiden, liegt der gesuchte Punkt.

11. Besonders hervorragende Inseln und Riffe sind im Profil mit den aus den Seekarten entnommenen Namen bezeichnet.

12. Meeresoberflächenströme und andere Besonderheiten, die sich für die Auswertung als wertvoll erwiesen haben, sind in den Karten hervorgehoben.

13. Für den Indischen Ozean sind keine Schnittlagen beigegeben, da diese in einer Übersichtskarte untergehen würden, für sie gilt z. T. Anmerkung 9. Auch für Teile des Pazifischen Ozeans ist auf die Schnittlagen verzichtet worden.

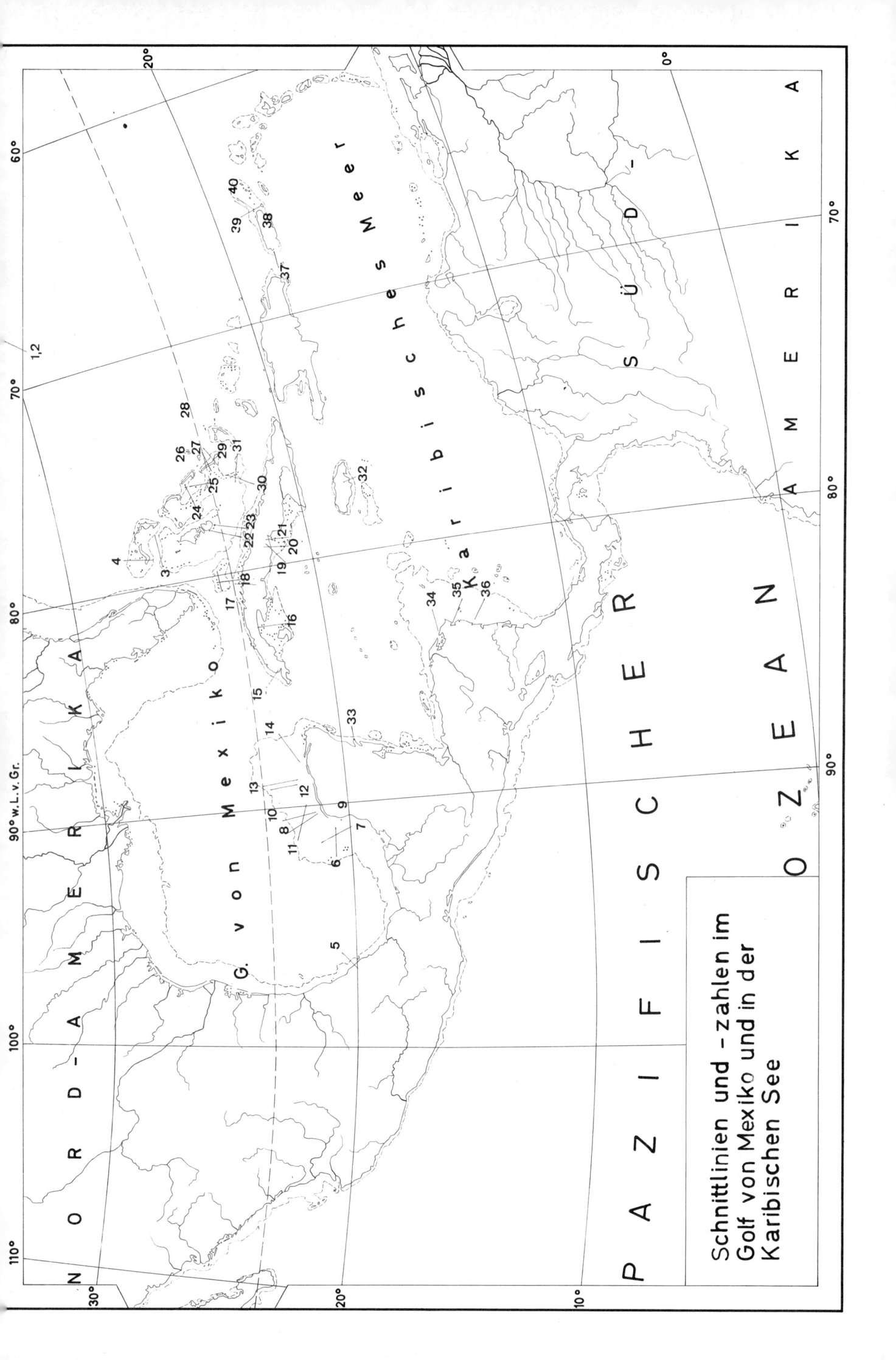

Schnittlinien und -zahlen im
Golf von Mexiko und in der
Karibischen See

NÖRDLICHER ATLANTIK

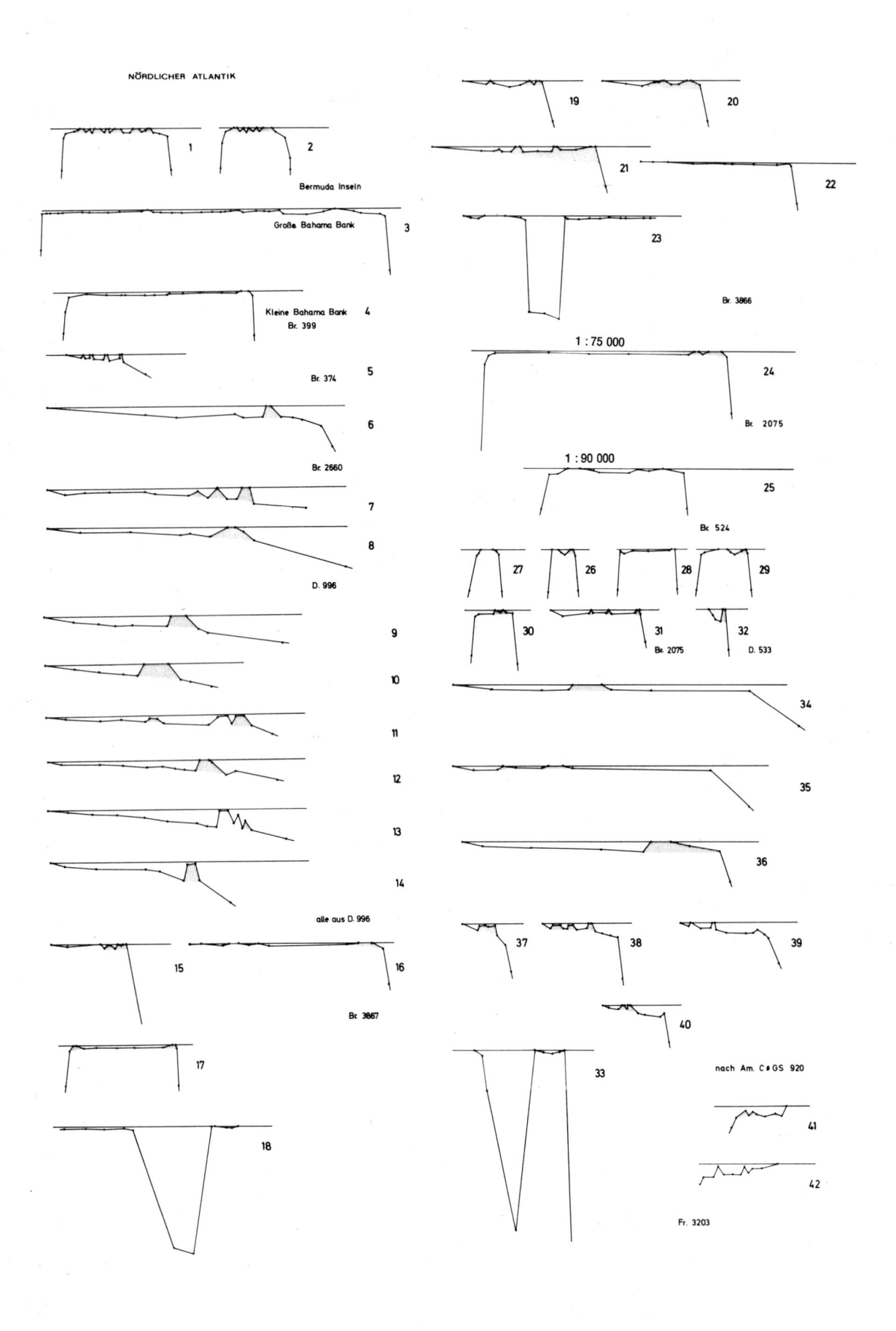

Bermuda Inseln 1, 2

Große Bahama Bank 3

Kleine Bahama Bank 4
Br. 399

Br. 374  5

Br. 2660  6

7

8
D. 996

9

10

11

12

13

14
alle aus D. 996

15  16
Br. 3867

17

18

19  20

21  22

23
Br. 3866

1 : 75 000

24
Br. 2075

1 : 90 000

25
Br. 524

27  26  28  29

30  31  32
Br. 2075  D. 533

34

35

36

37  38  39

40

33

nach Am. C & GS 920

41

42
Fr. 3203

## Lakkediven

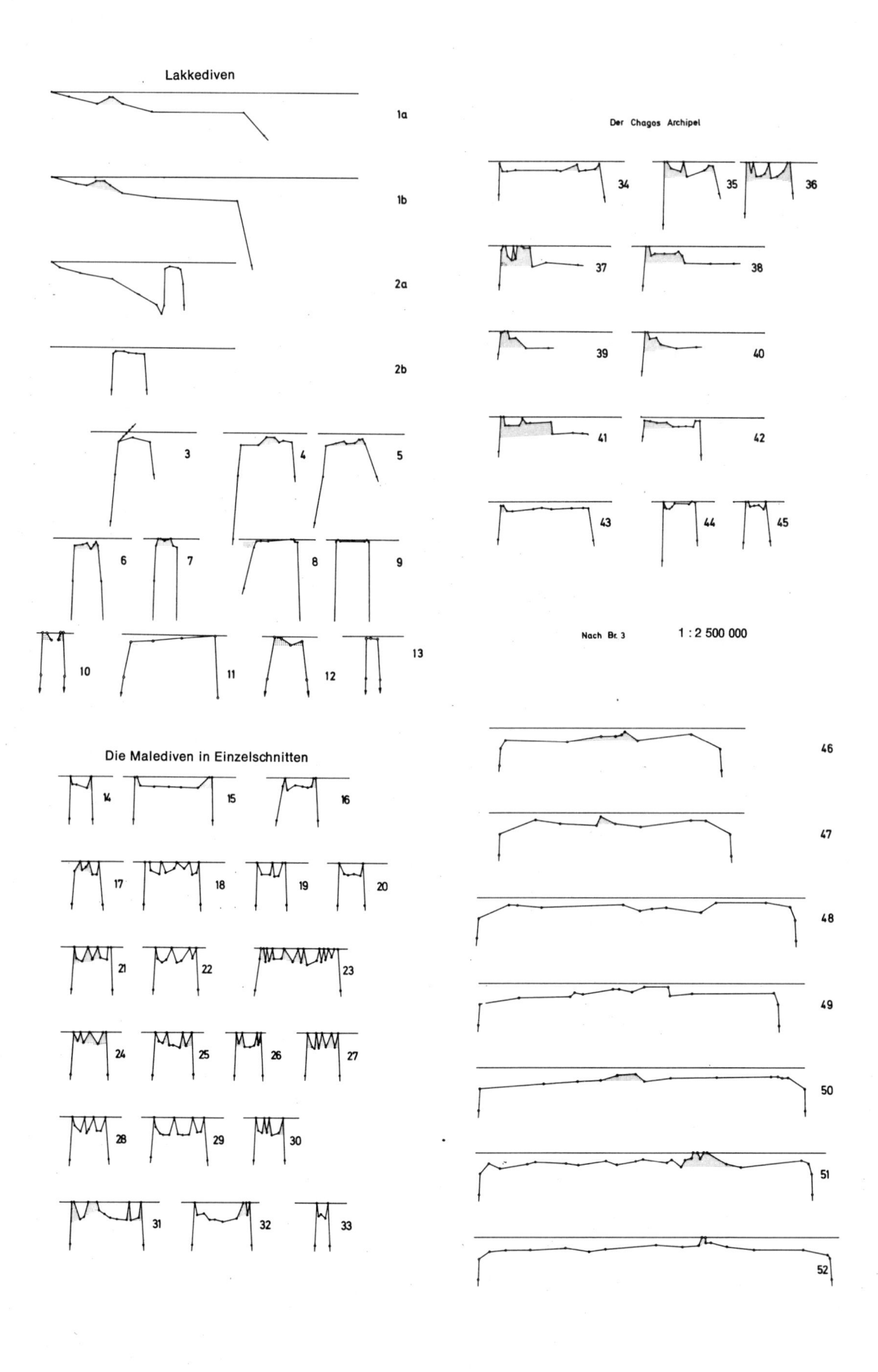

1a
1b
2a
2b
3   4   5
6   7   8   9
10   11   12   13

## Die Malediven in Einzelschnitten

14   15   16
17   18   19   20
21   22   23
24   25   26   27
28   29   30
31   32   33

## Der Chagos Archipel

34   35   36
37   38
39   40
41   42
43   44   45

Nach Br. 3    1 : 2 500 000

46
47
48
49
50
51
52

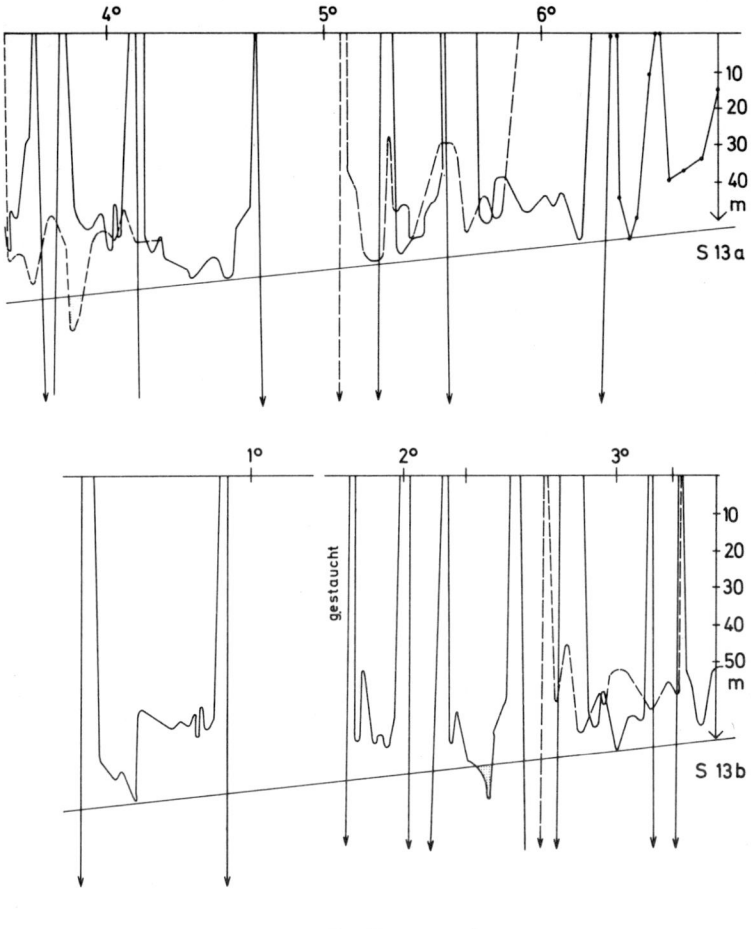

MALEDIVEN

N-S Schnitte auf -73°

1 : 584 000     Br. 66 a,b,c

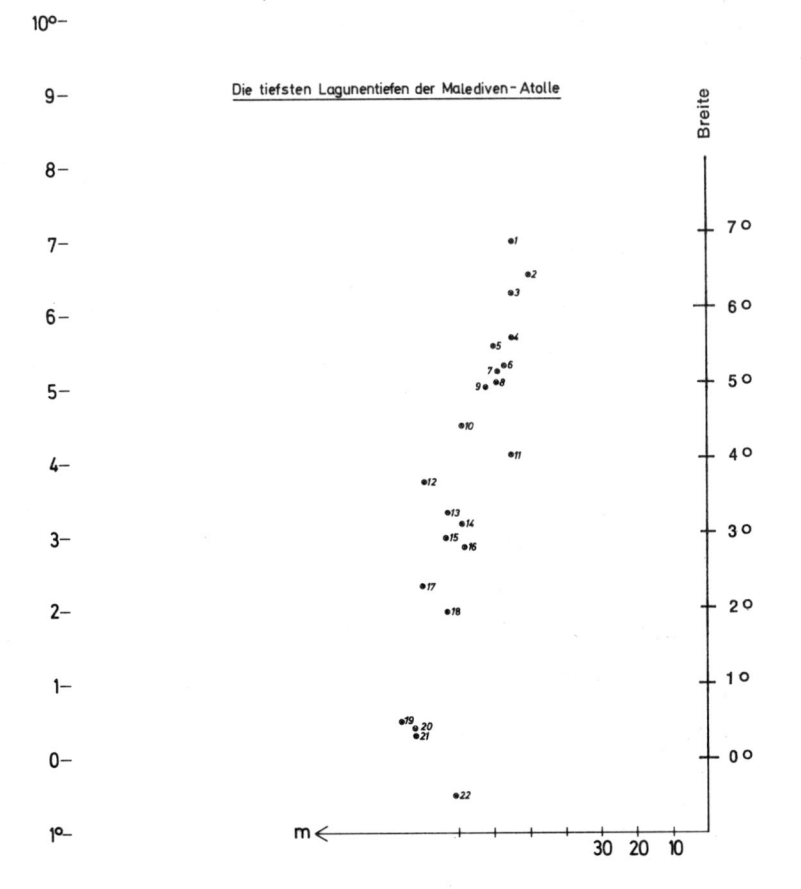

Die tiefsten Lagunentiefen der Malediven-Atolle

## Chagos Archipel

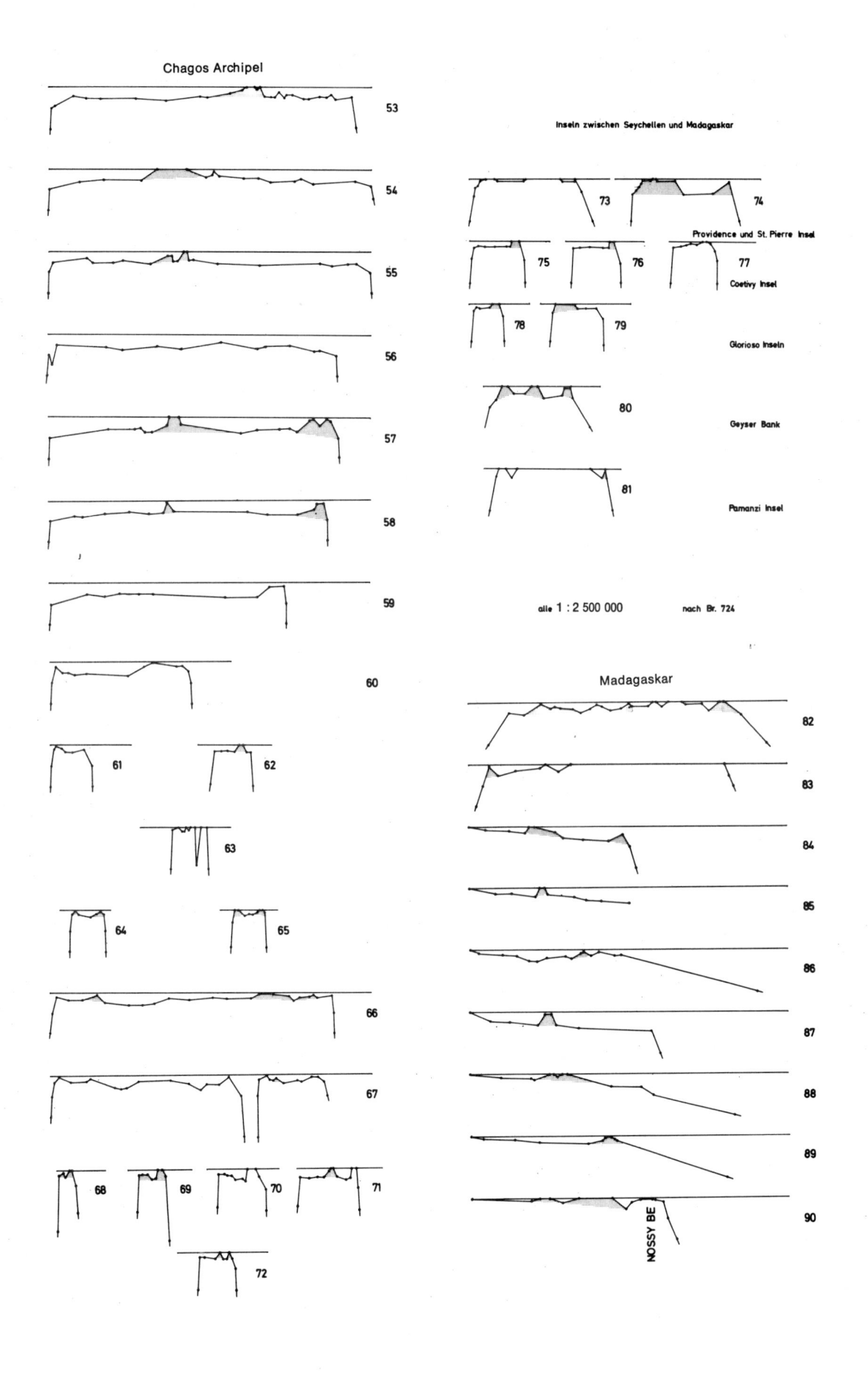

53
54
55
56
57
58
59
60
61  62
63
64  65
66
67
68  69  70  71
72

## Inseln zwischen Seychellen und Madagaskar

73  74

### Providence und St. Pierre Insel
75  76  77

### Coetivy Insel
78  79

### Glorioso Inseln
80

### Geyser Bank
81

### Pamanzi Insel

alle 1 : 2 500 000      nach Br. 724

## Madagaskar

82
83
84
85
86
87
88
89
90 NOSSY BE

Madagaskar

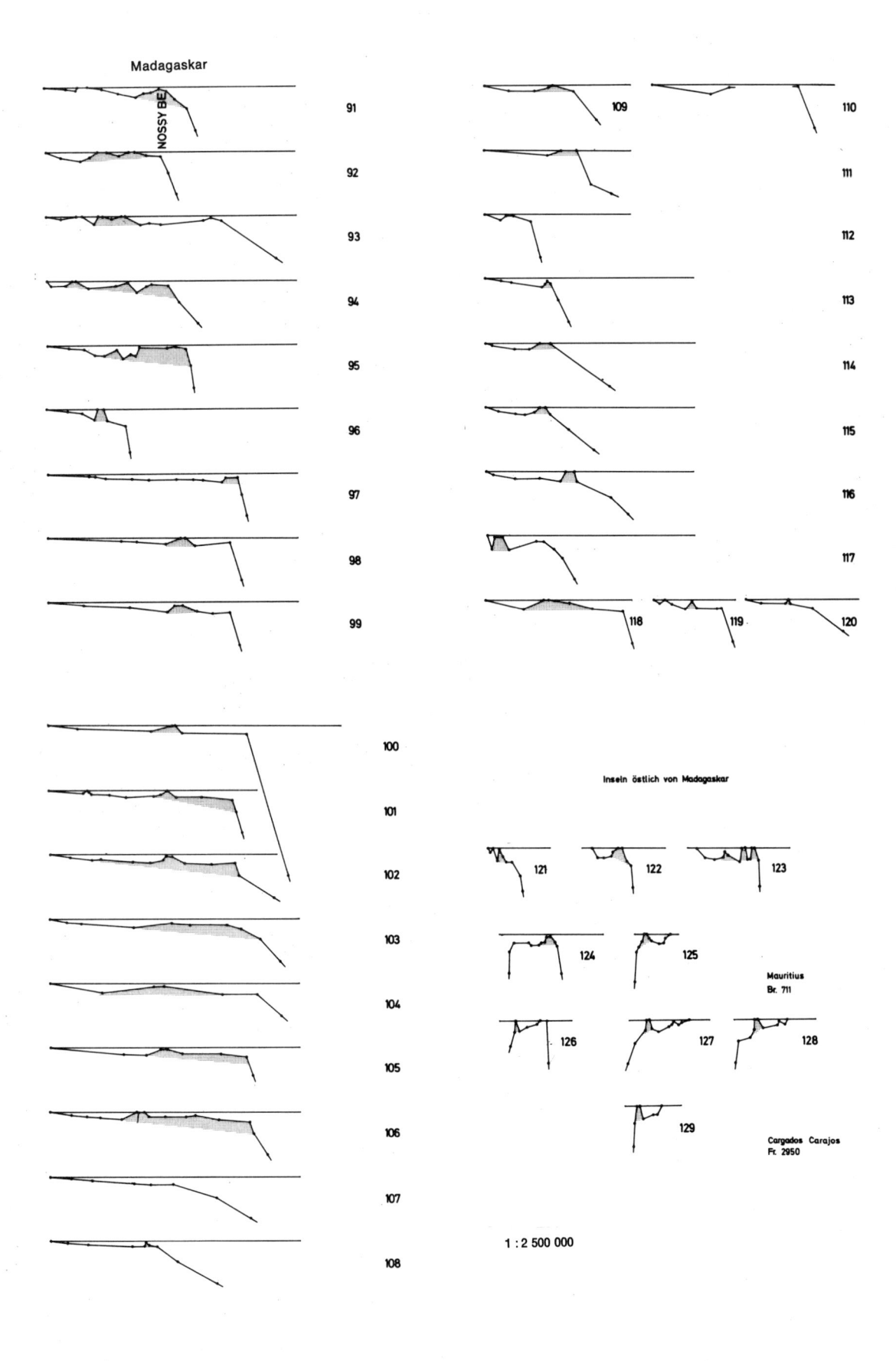

91
92
93
94
95
96
97
98
99
100
101
102
103
104
105
106
107
108
109
110
111
112
113
114
115
116
117
118 119 120

Inseln östlich von Madagaskar

121 122 123
124 125

Mauritius
Br. 711

126 127 128
129

Cargados Carajos
Fr. 2950

1 : 2 500 000

## ANDAMANEN

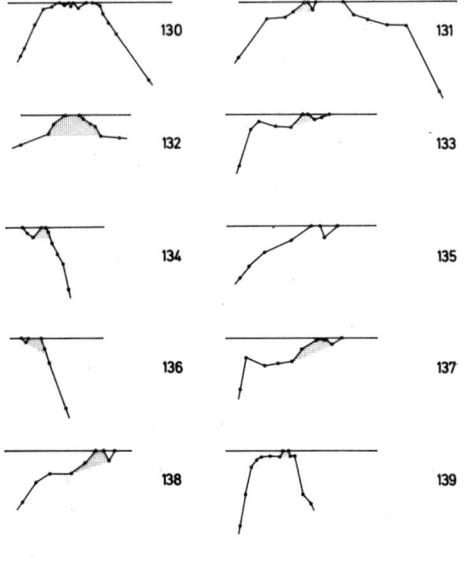

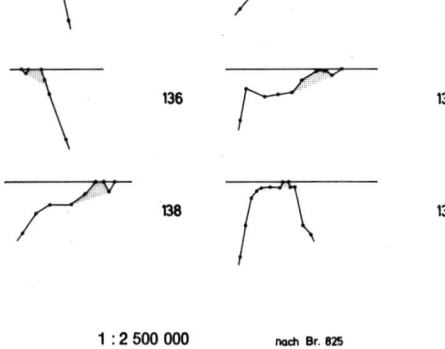

130
131
132
133
134
135
136
137
138
139

1 : 2 500 000  nach Br. 825

## Riffe westlich Sumatra

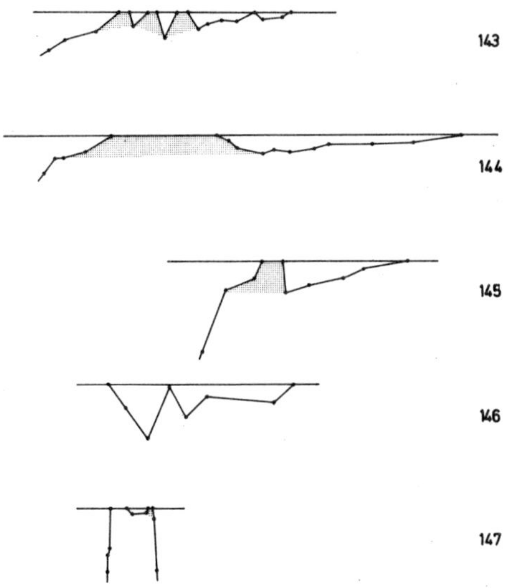

143
144
145
146
147

1 : 2 500 000  nach D.358 und Br. 2760

## Nicobaren

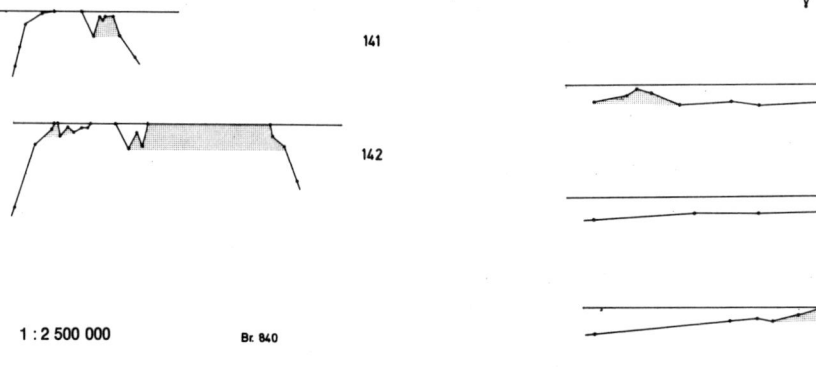

140
141
142

1 : 2 500 000  Br. 840

## Sahul Schelf

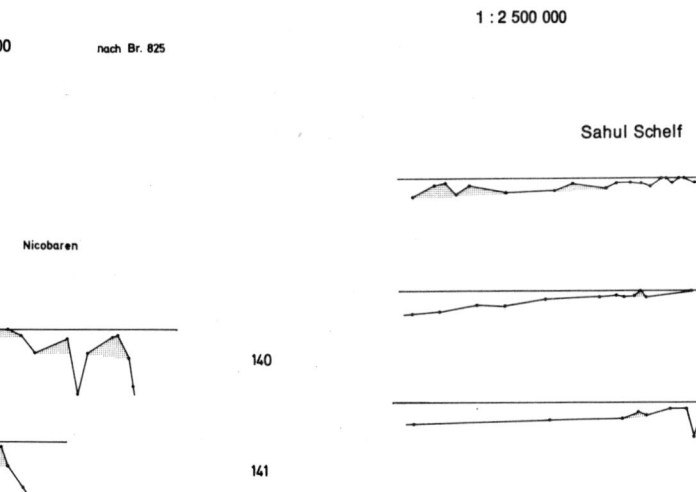

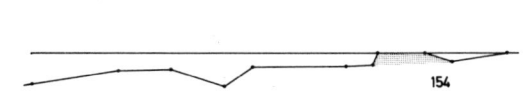

148
149
150
151
152
153
154

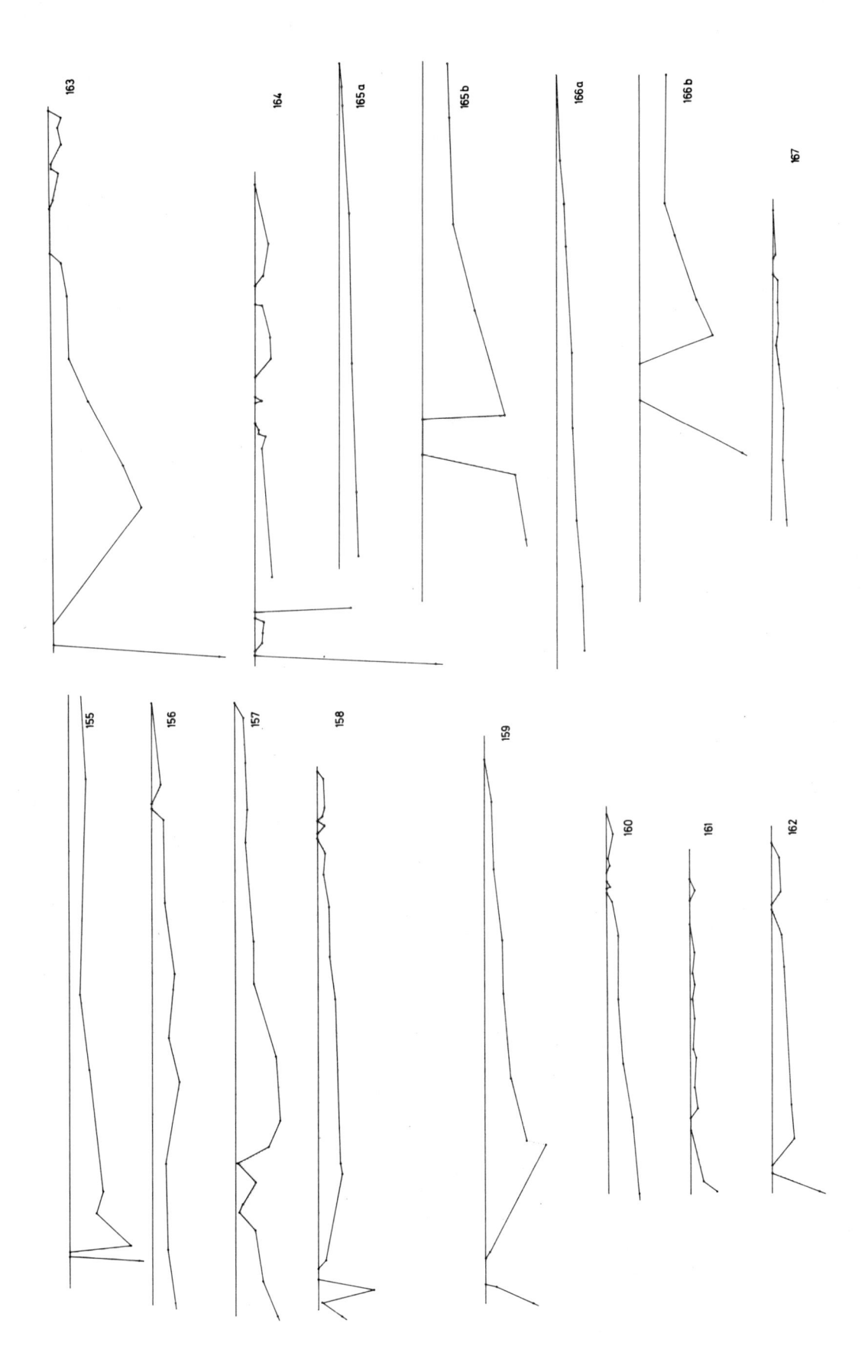

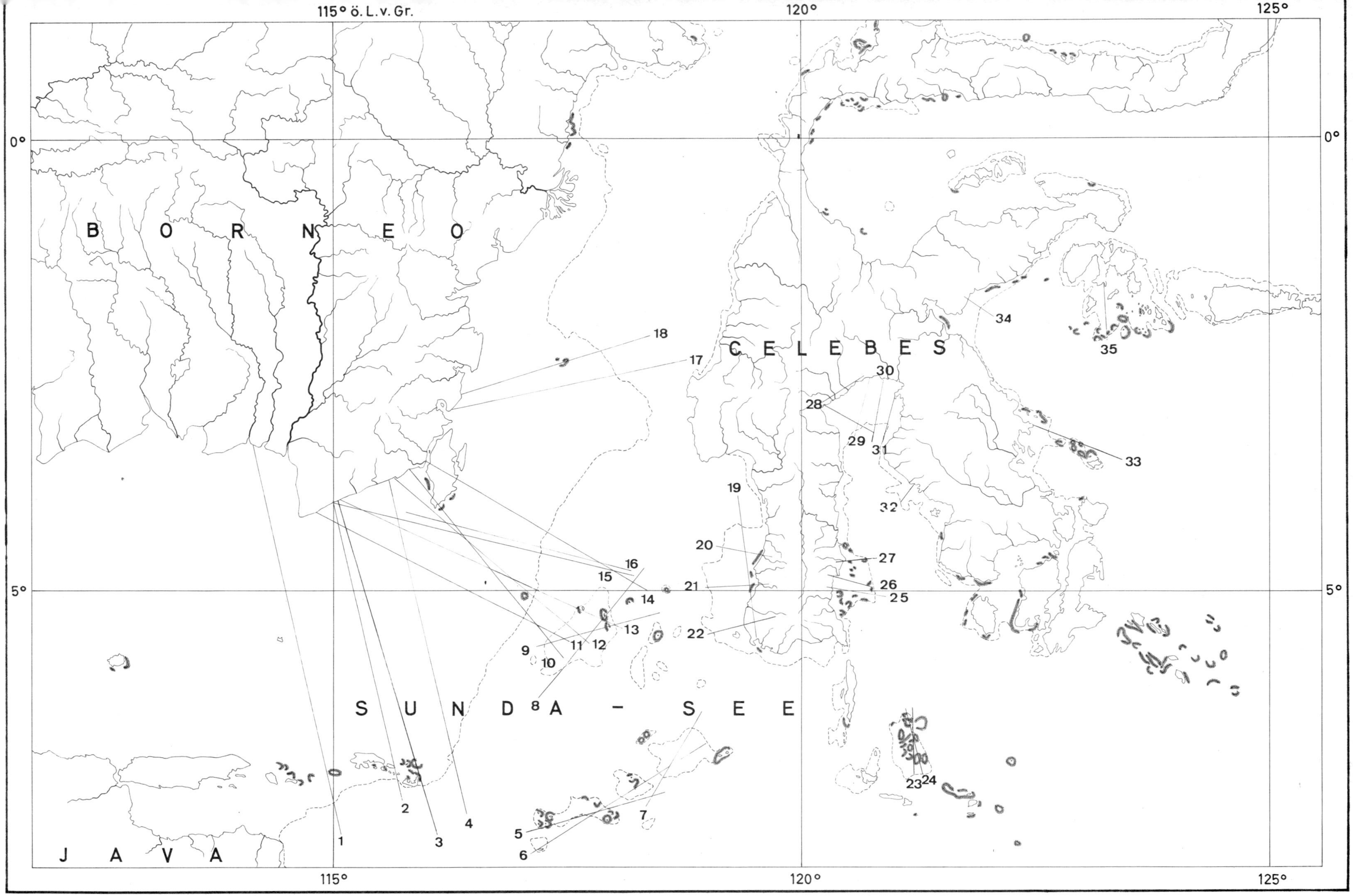

115° ö. L. v. Gr.
120°
125°
0°
5°
B O R N E O
C E L E B E S
S U N D A - S E E
J A V A
1
2
3
4
5
6
7
8
9
10
11
12
13
14
15
16
17
18
19
20
21
22
23
24
25
26
27
28
29
30
31
32
33
34
35

CELEBES und BORNEO

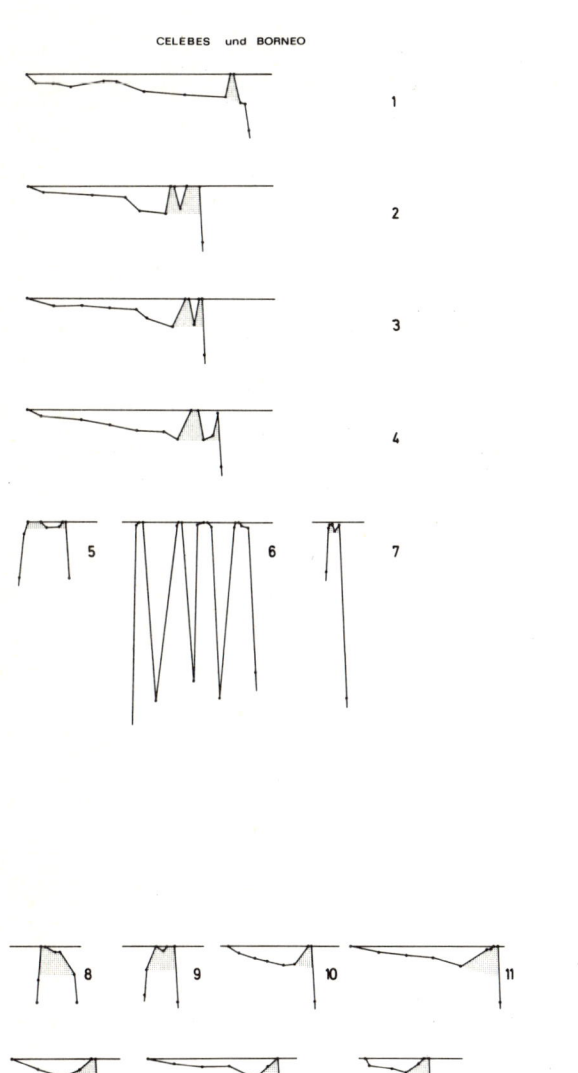

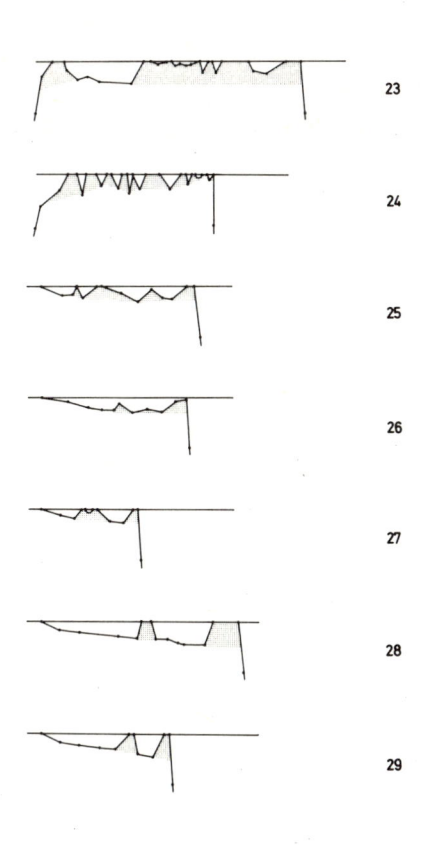

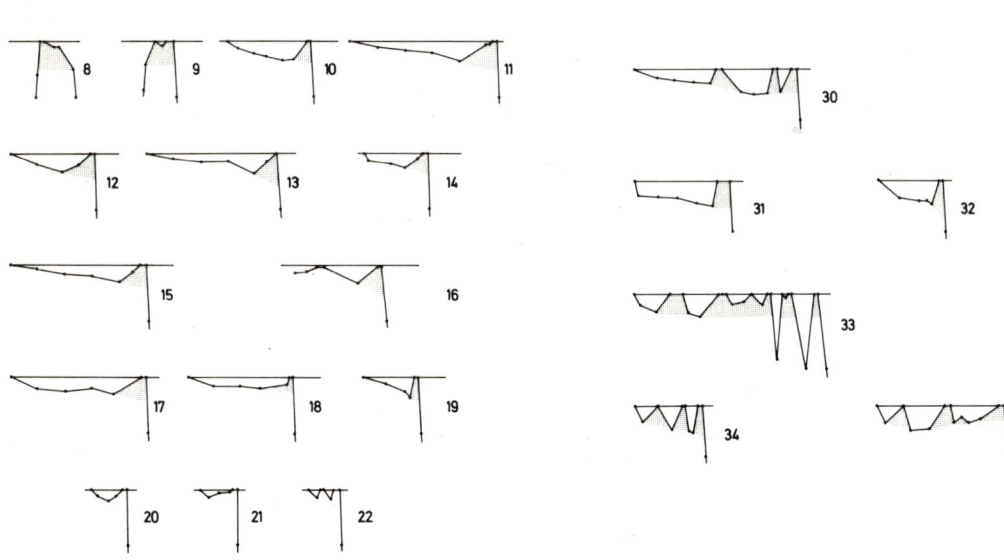

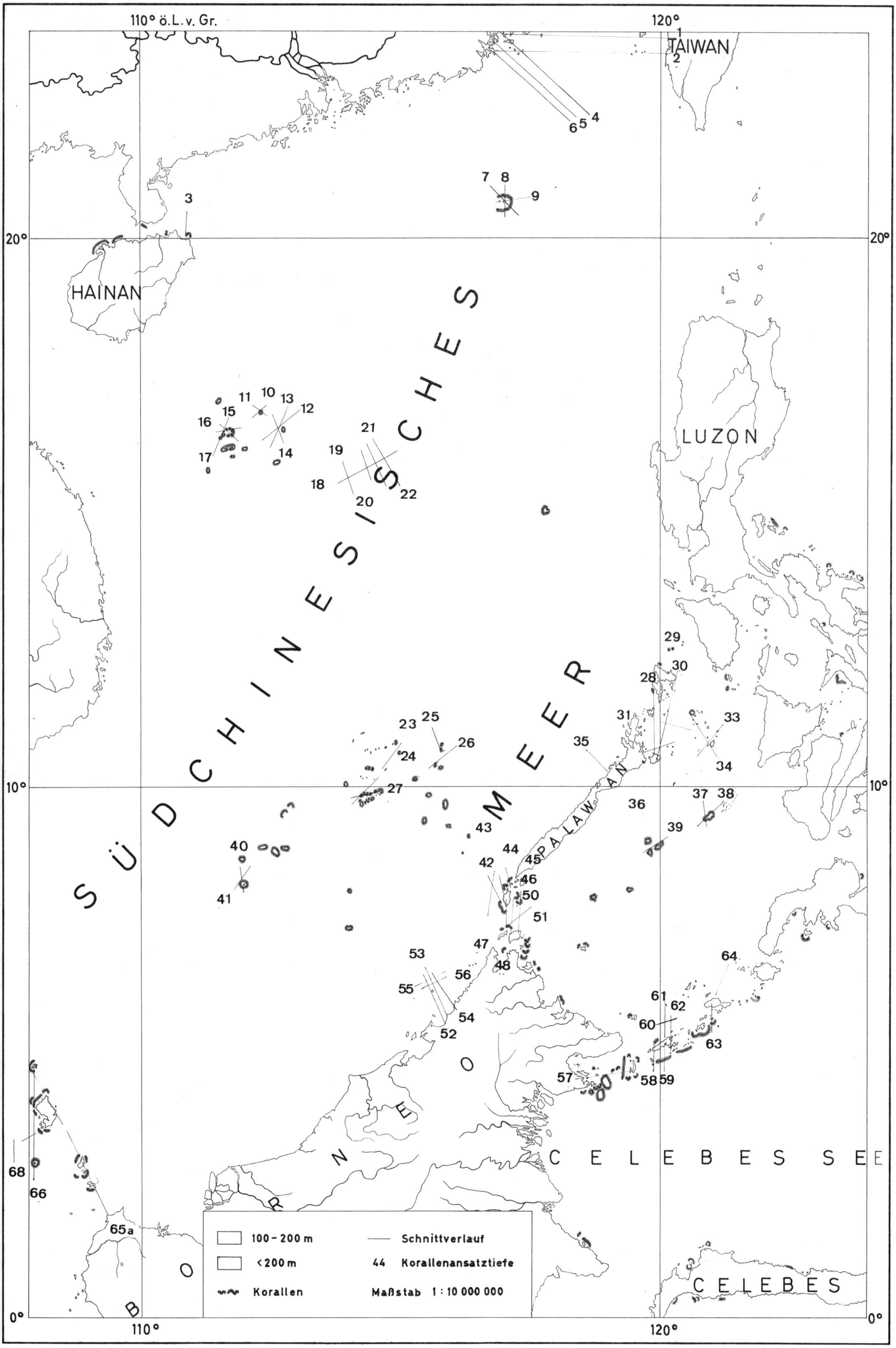

110° ö.L.v. Gr.
120°
TAIWAN
HAINAN
LUZON
SÜDCHINESISCHES MEER
PALAWAN
BORNEO
CELEBES SEE
CELEBES
20°
10°
0°
110°
120°
1
2
3
4
5
6
7
8
9
10
11
12
13
14
15
16
17
18
19
20
21
22
23
24
25
26
27
28
29
30
31
33
34
35
36
37
38
39
40
41
42
43
44
45
46
47
48
50
51
52
53
54
55
56
57
58
59
60
61
62
63
64
65a
66
68
100 - 200 m
<200 m
Korallen
Schnittverlauf
44 Korallenansatztiefe
Maßstab 1 : 10 000 000

DAS SÜD-CHINESISCHE MEER

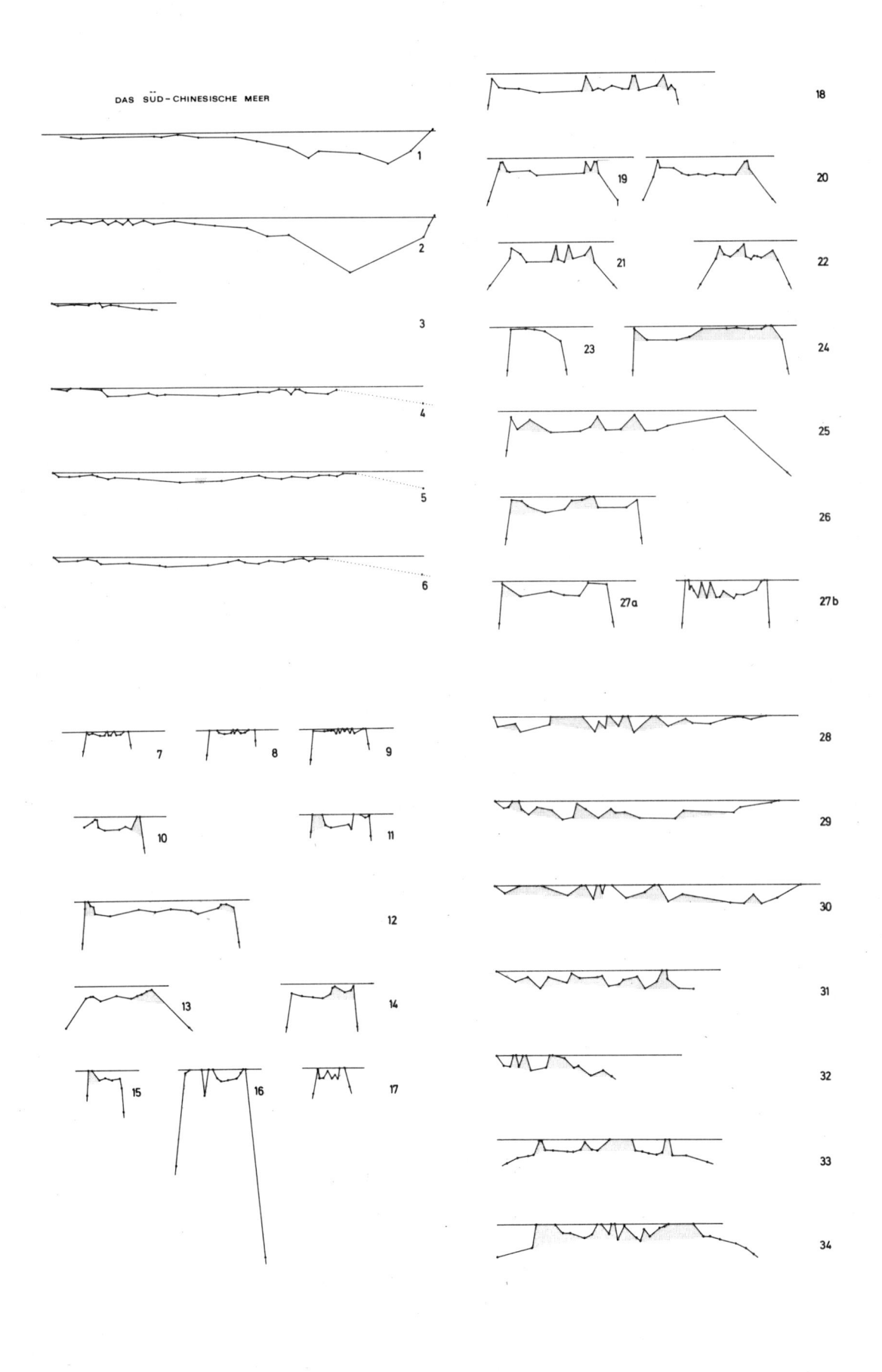

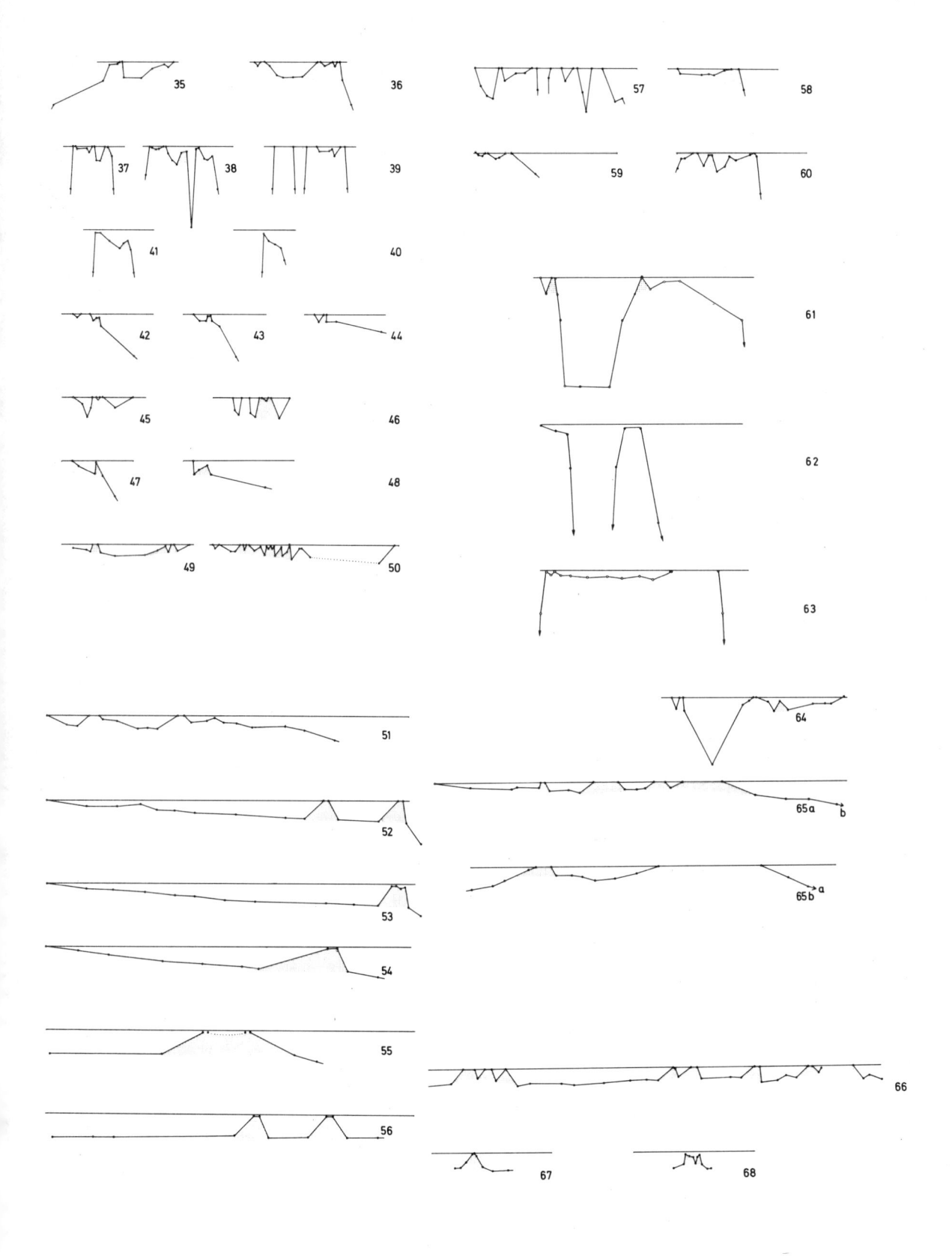

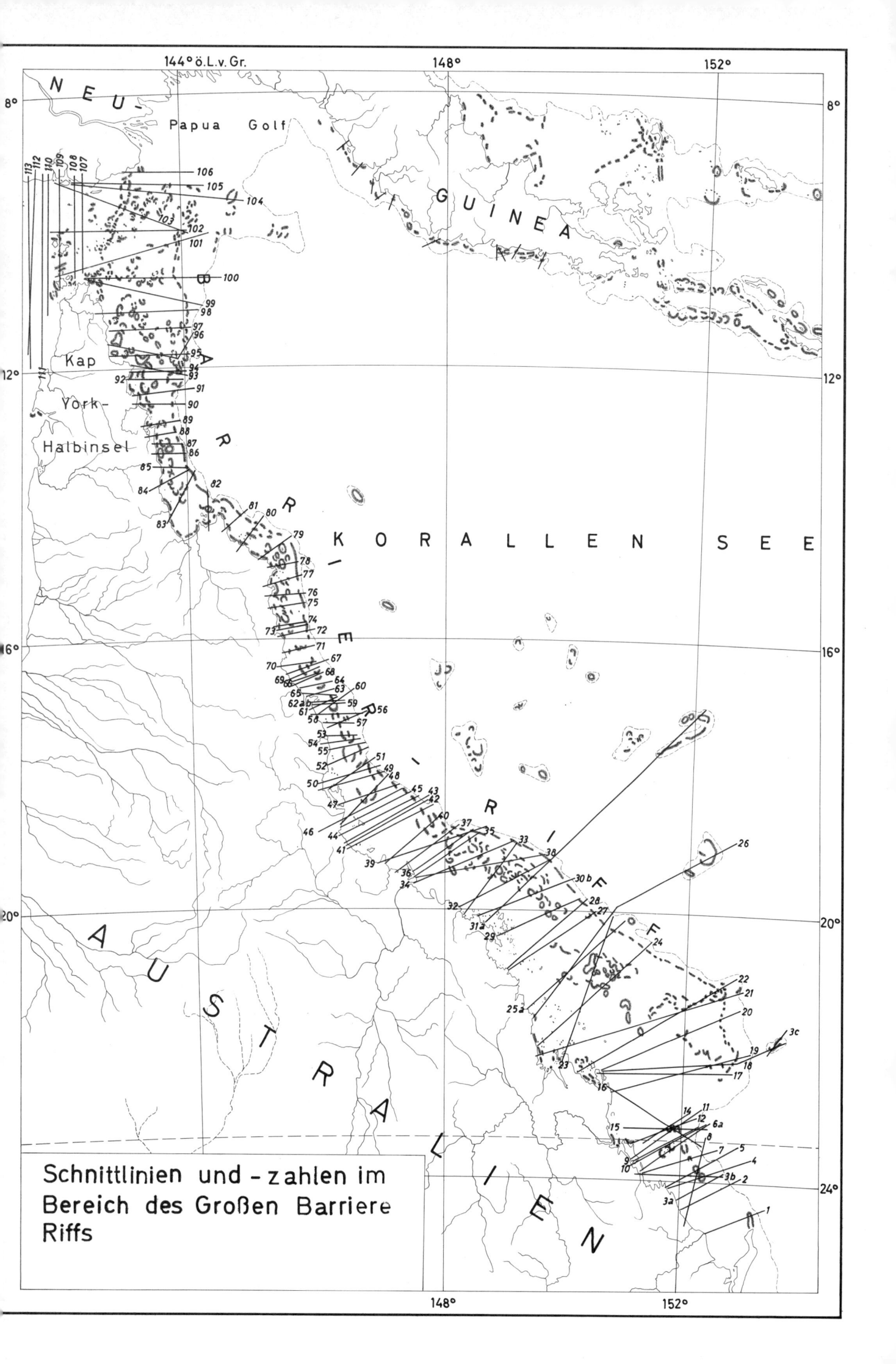

Schnittlinien und -zahlen im Bereich des Großen Barriere Riffs

DAS GROSSE BARRIERE RIFF

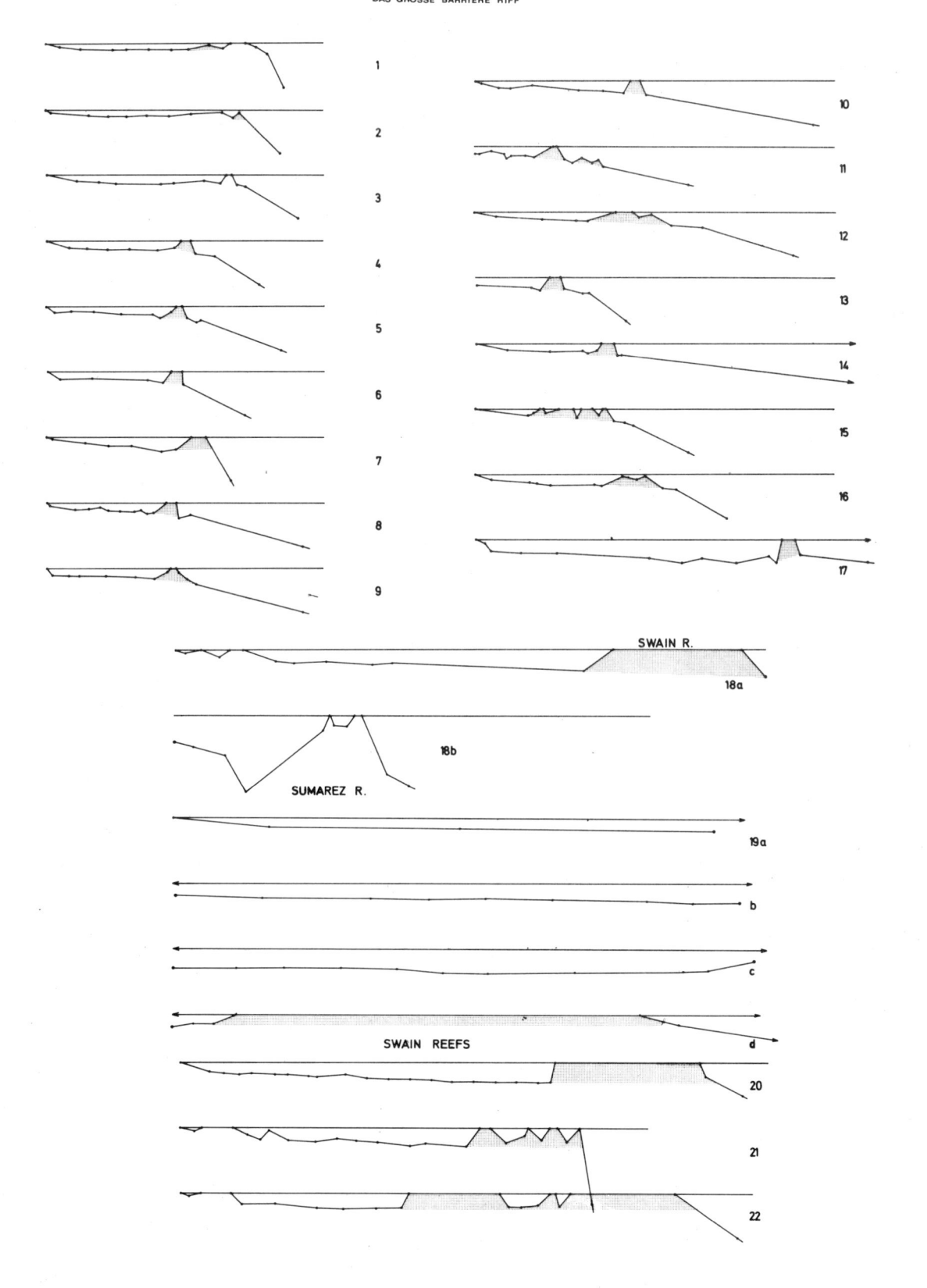

1

2

3

4

5

6

7

8

9

10

11

12

13

14

15

16

17

SWAIN R.
18a

18b
SUMAREZ R.

19a

b

c

SWAIN REEFS
d

20

21

22

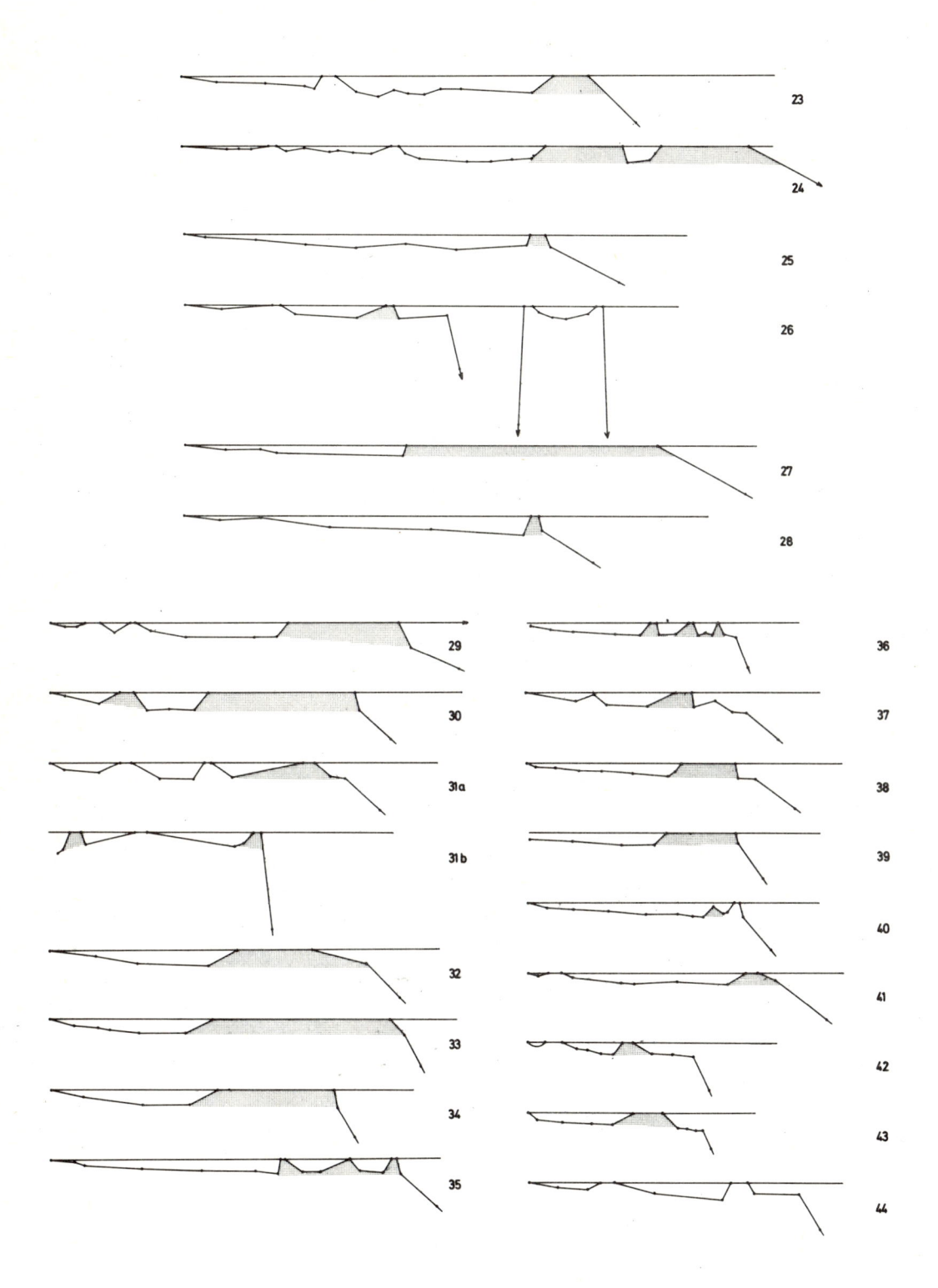

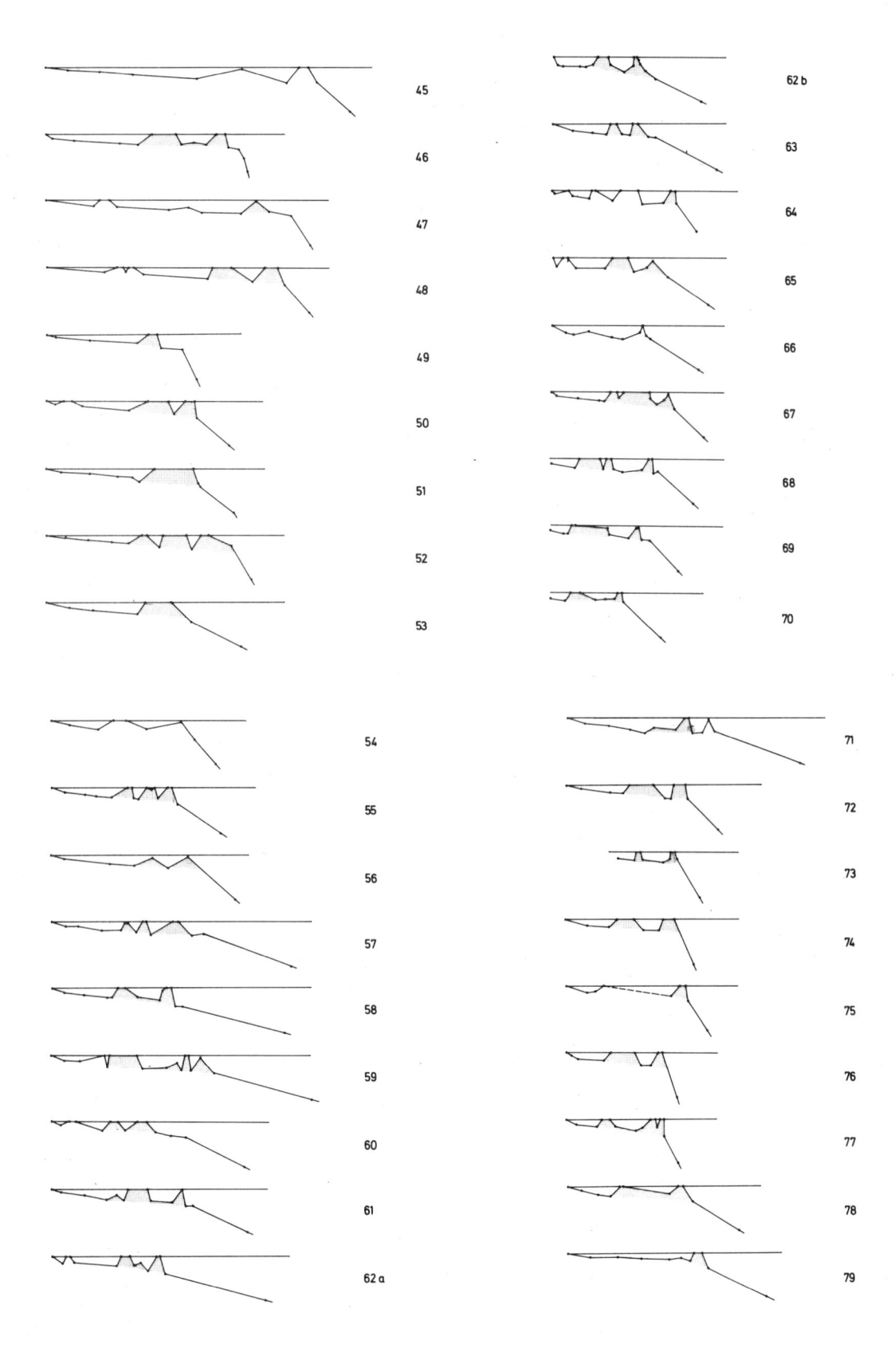

NEU GUINEA

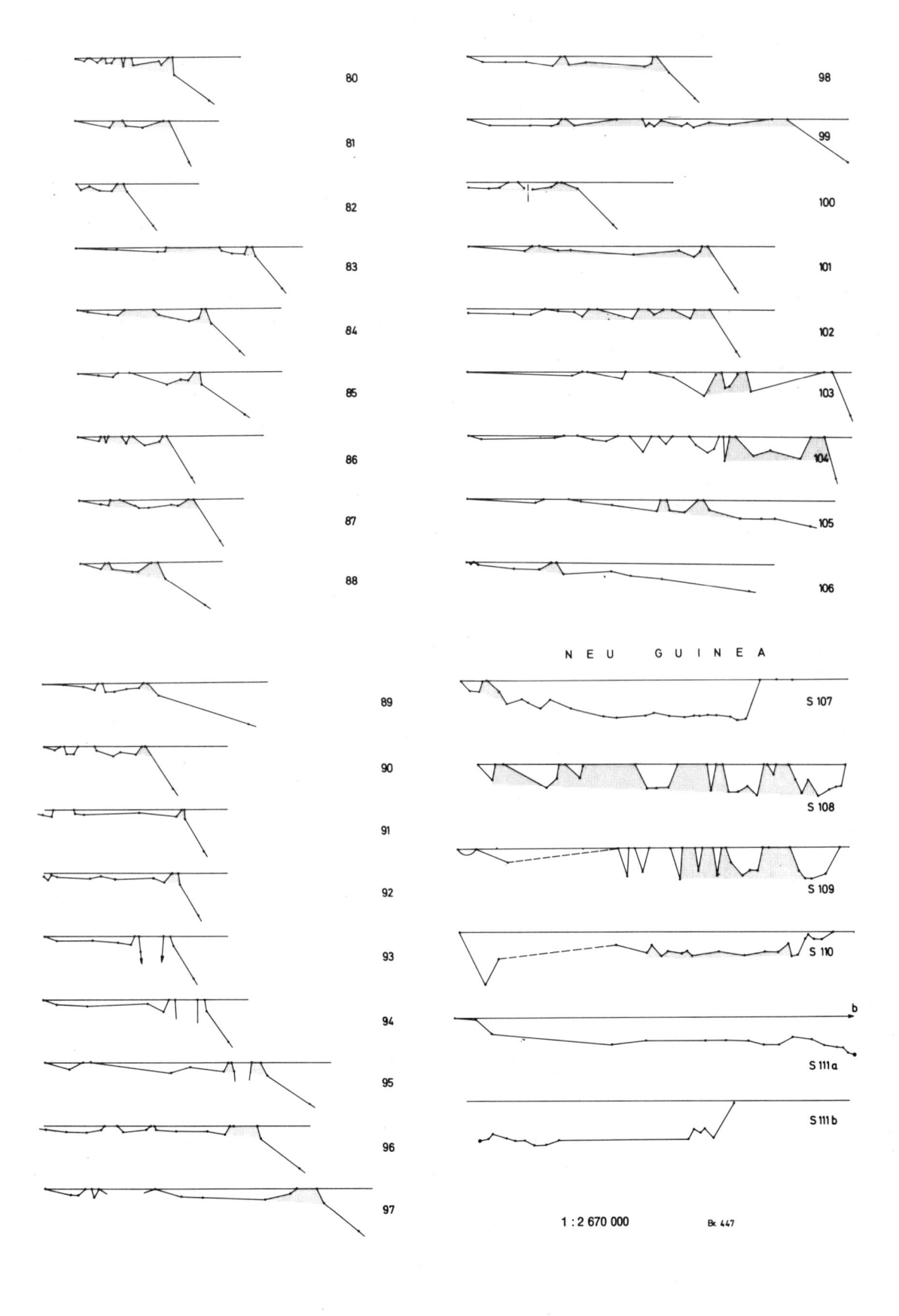

1 : 2 670 000   Bk 447

114 115 116 117 119 121 123
118 120 122

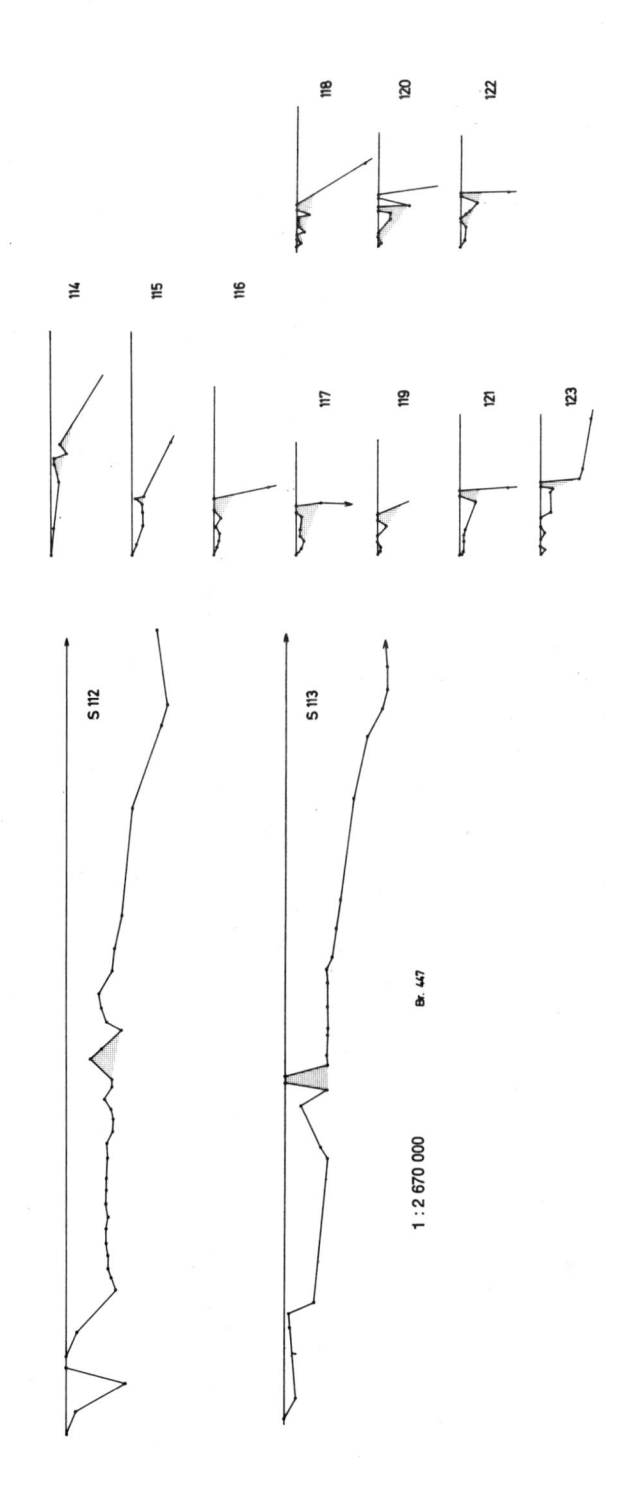

S 112
S 113

1 : 2 670 000

Br. 447

PAZIFISCHER OZEAN

OKINAWA

1　2　3　4　5

1 : 1 500 000　　nach Fc 5025

Jinai Jima　Hachijo Jima, Odonose　Ozue Wan
6　7　8　9
H.O. 1902　　　　　　Br. 1648

Angaben in 1 : 1 500 000　Die hier abgebildeten Riffe sind nach Morskoi Atlas alle abgestorben; es bestehen Restsiedlungen einzelner Korallen.

Sasbo nördlich von Nagasaki
10
Nach Atlas Morskoi I, S. 58 totes Riff　　1 : 1 500 000

Helen Riff
11

1 : 2 500 000　　nach Br. 977

Palau Inseln
12a　12b
13　14

1 : 2 500 000　　nach Br. 977

Vekasko (Nord-Palau)
15

1 : 2 500 000　　nach Br. 763

Mgulu
16

1 : 2 500 000　　Br. 977

Ulithi Inseln
17　18

1 : 2 500 000　　Br. 772

Woleai Inseln
19

1 : 750 000　　Br. 772

Lamotek Insel
20

1 : 2 500 000　　Br. 772

Condor Reef　　Gray Feather-Reef
21　22

1 : 2 500 000　　Br. 764

Pulap Insel
23

1 : 2 500 000　　Br. 772

Namonuito-Insel
24　25

1 : 2 500 000　　Br. 764

Truk-Inseln
26

1 : 2 500 000　　Br. 764

27　28
Br. 982

29
Br. 970

30
Br. 764

Murilo Insel
31
Br. 970

158°
7°　31a

132°
7° 20'　31b

167°
9°　32 A

### Eniwetok-
32B

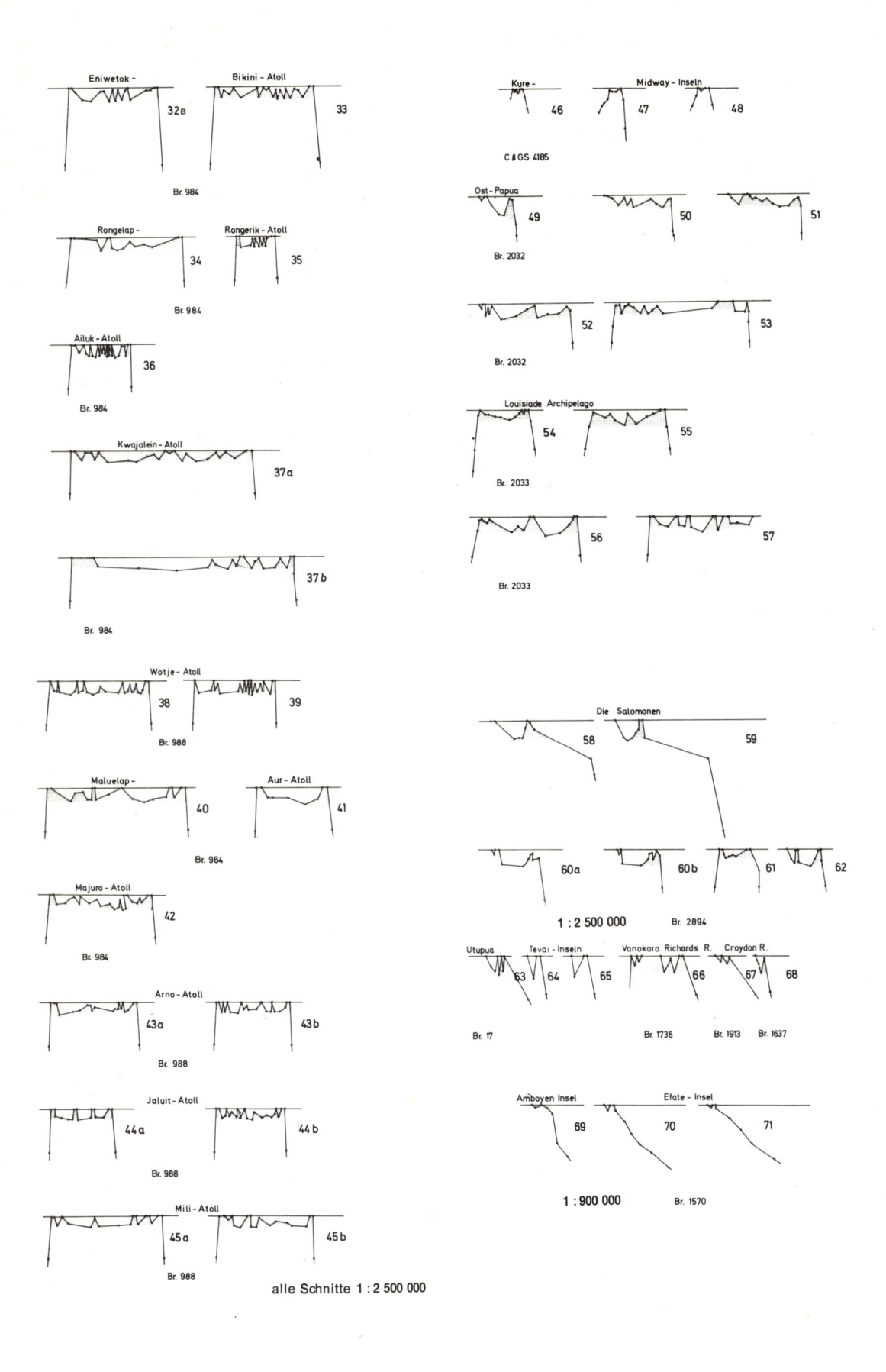

### Bikini - Atoll
33

Br. 984

### Rongelap-
34

### Rongerik - Atoll
35

Br. 984

### Ailuk - Atoll
36

Br. 984

### Kwajalein - Atoll
37a

37b

Br. 984

### Wotje - Atoll
38  39

Br. 988

### Maluelap -
40

### Aur - Atoll
41

Br. 984

### Majuro - Atoll
42

Br. 984

### Arno - Atoll
43a  43b

Br. 988

### Jaluit - Atoll
44a  44b

Br. 988

### Mili - Atoll
45a  45b

Br. 988

alle Schnitte 1 : 2 500 000

### Kure -
46

### Midway - Inseln
47  48

C & GS 4185

### Ost - Papua
49  50  51

Br. 2032

52  53

Br. 2032

### Louisiade Archipelago
54  55

Br. 2033

56  57

Br. 2033

### Die Salomonen
58  59

60a  60b  61  62

1 : 2 500 000    Br. 2894

Utupua  Tevai-Inseln  Vanokoro  Richards R.  Croydon R.
63  64  65  66  67  68

Br. 17    Br. 1736  Br. 1913  Br. 1637

Amboyen Insel   Efate - Insel
69  70  71

1 : 900 000    Br. 1570

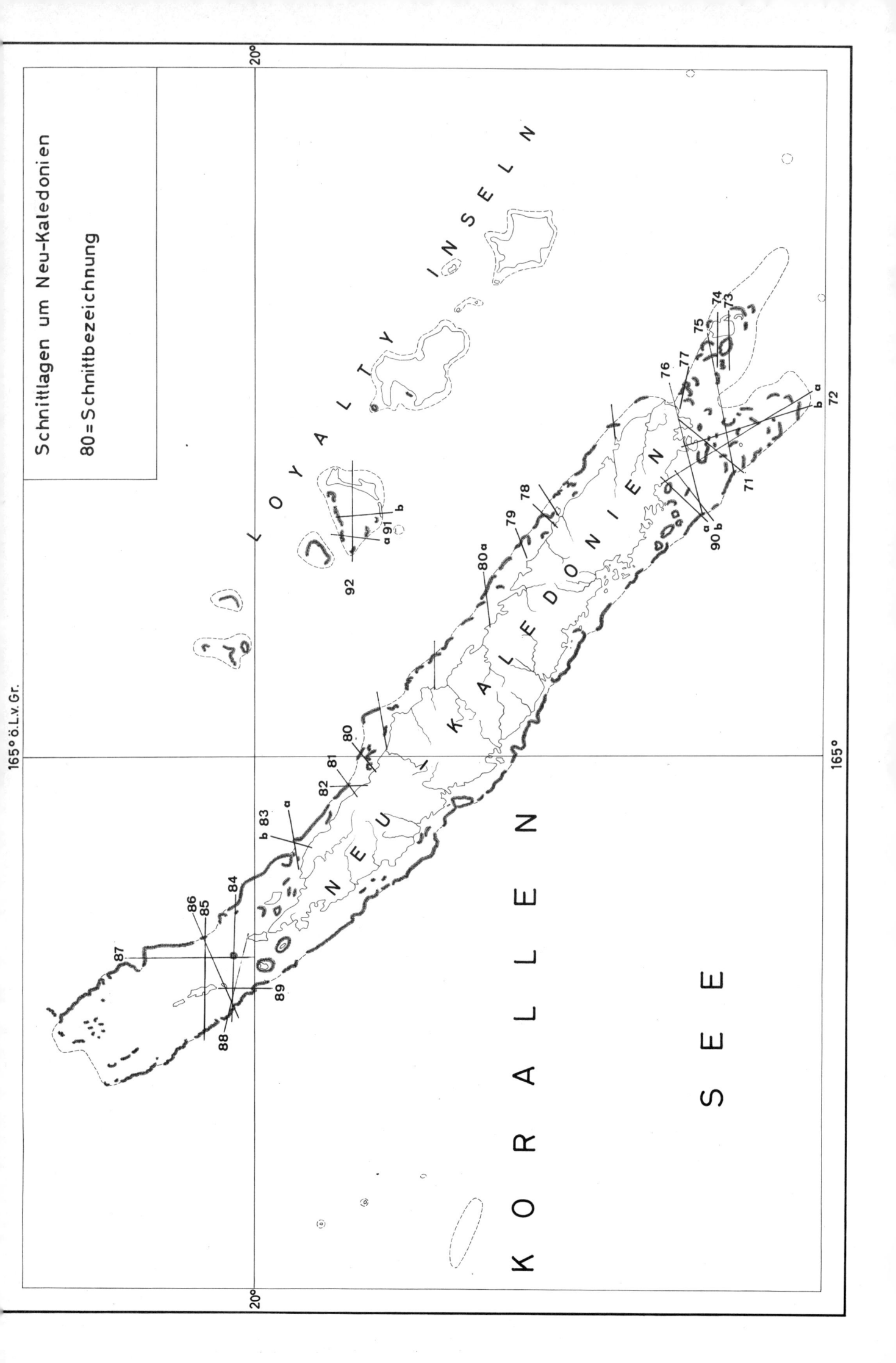

Schnittlagen um Neu-Kaledonien

80 = Schnittbezeichnung

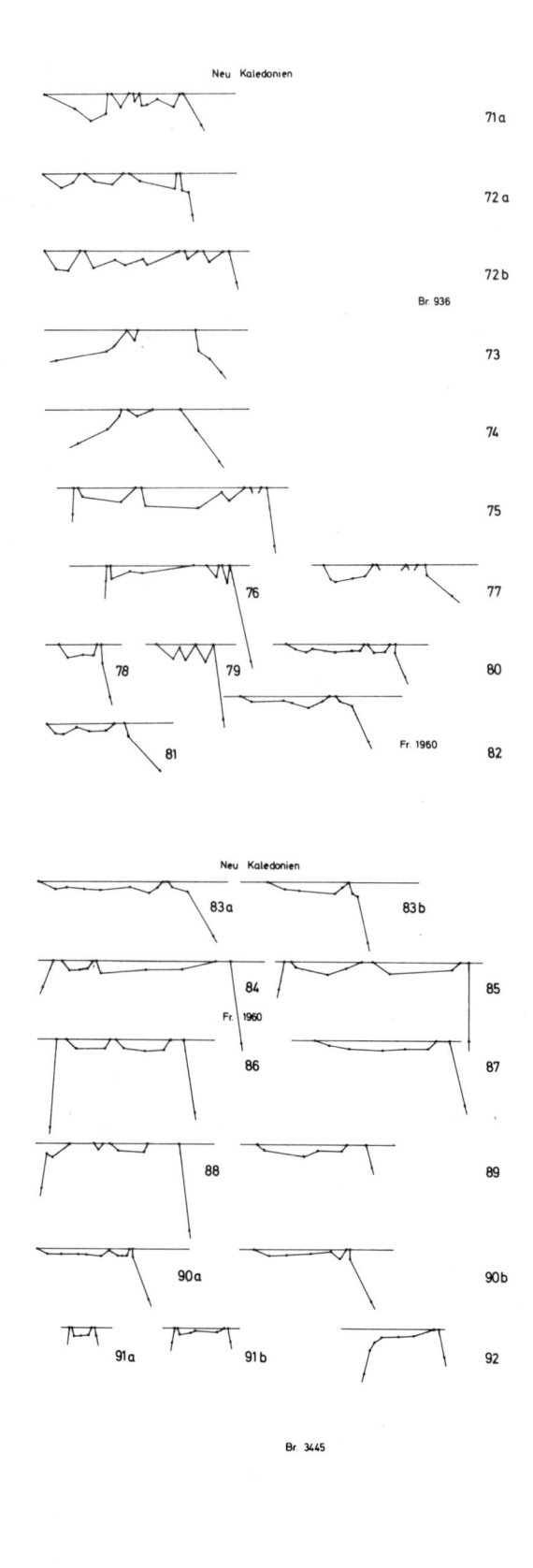

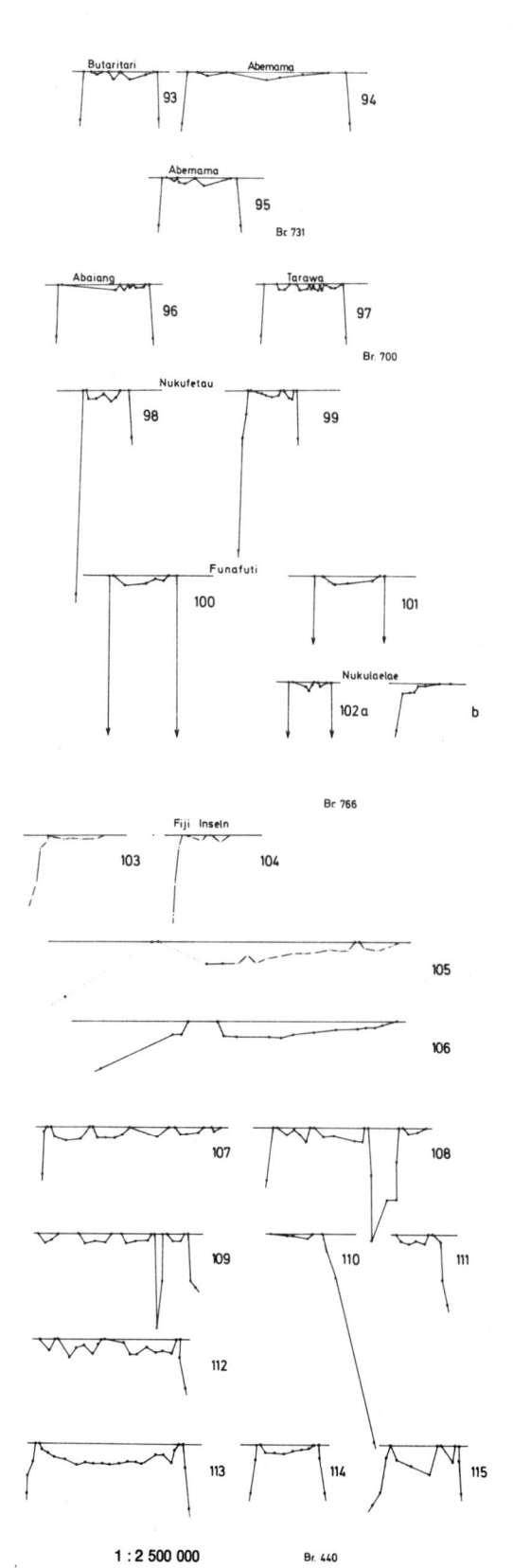

Neu Kaledonien

71a
72a
72b
Br. 936
73
74
75
76  77
78  79  80
81  Fr. 1960  82

Neu Kaledonien
83a  83b
84  85
Fr. 1960
86  87
88  89
90a  90b
91a  91b  92
Br. 3445

Butaritari  Abemama
93  94
Abemama
95
Br. 731
Abaiang  Tarawa
96  97
Br. 700
Nukufetau
98  99
Funafuti
100  101
Nukulaelae
102a  b
Br. 766
Fiji Inseln
103  104
105
106
107  108
109  110  111
112
113  114  115

1 : 2 500 000    Br. 440

Fiji Inseln

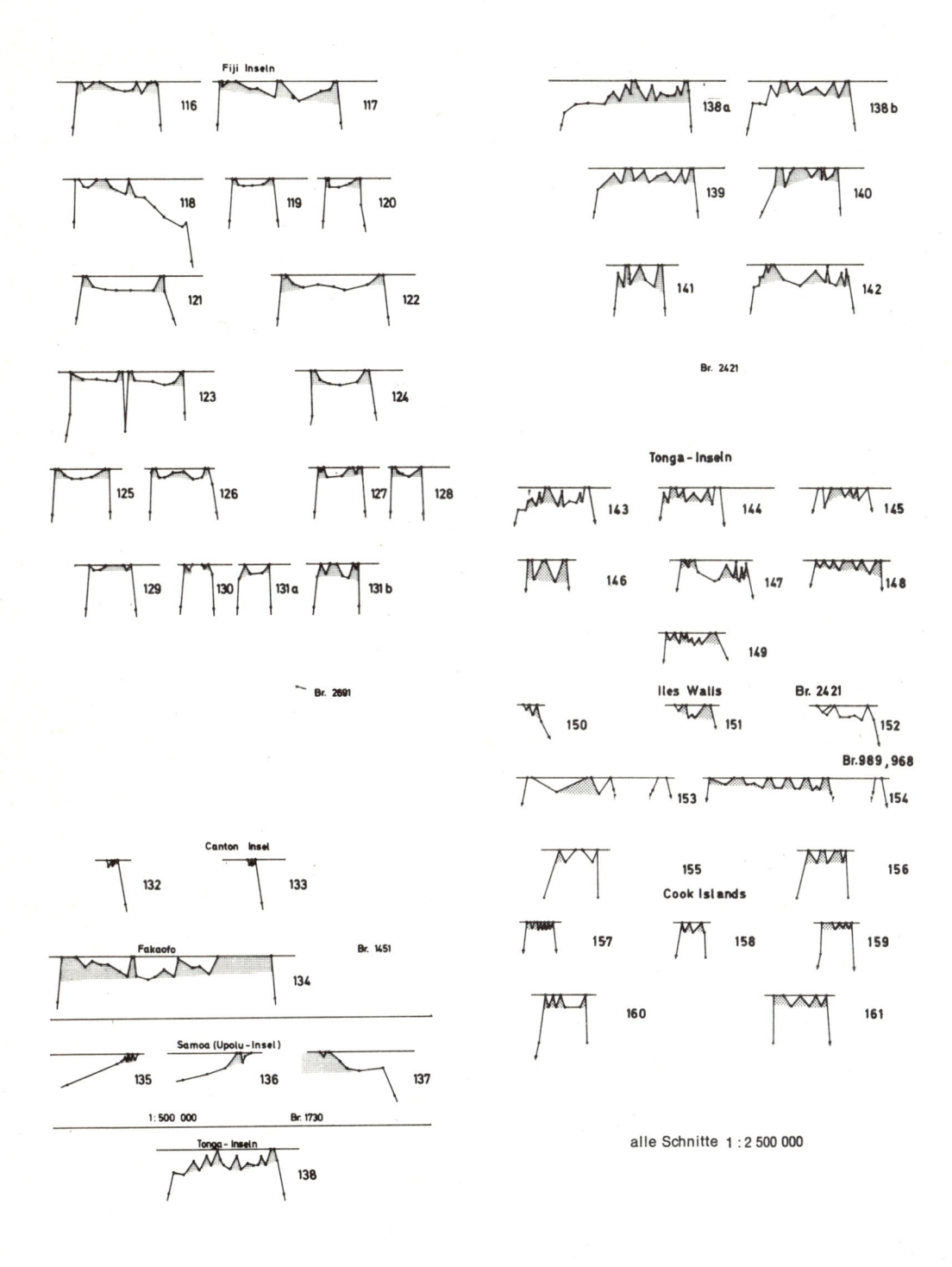

116  117
118  119  120
121  122
123  124
125  126  127  128
129  130  131a  131b

Br. 2691

Canton Insel
132  133

Fakaofo                Br. 1451
134

Samoa (Upolu-Insel)
135  136  137

1:500 000        Br. 1730

Tonga-Inseln
138

138a  138b
139  140
141  142

Br. 2421

Tonga-Inseln
143  144  145
146  147  148
149

Iles Wallis        Br. 2421
150  151  152

Br. 989, 968
153  154

155  156
Cook Islands
157  158  159
160  161

alle Schnitte 1 : 2 500 000

## SÜDLICHER ATLANTIK

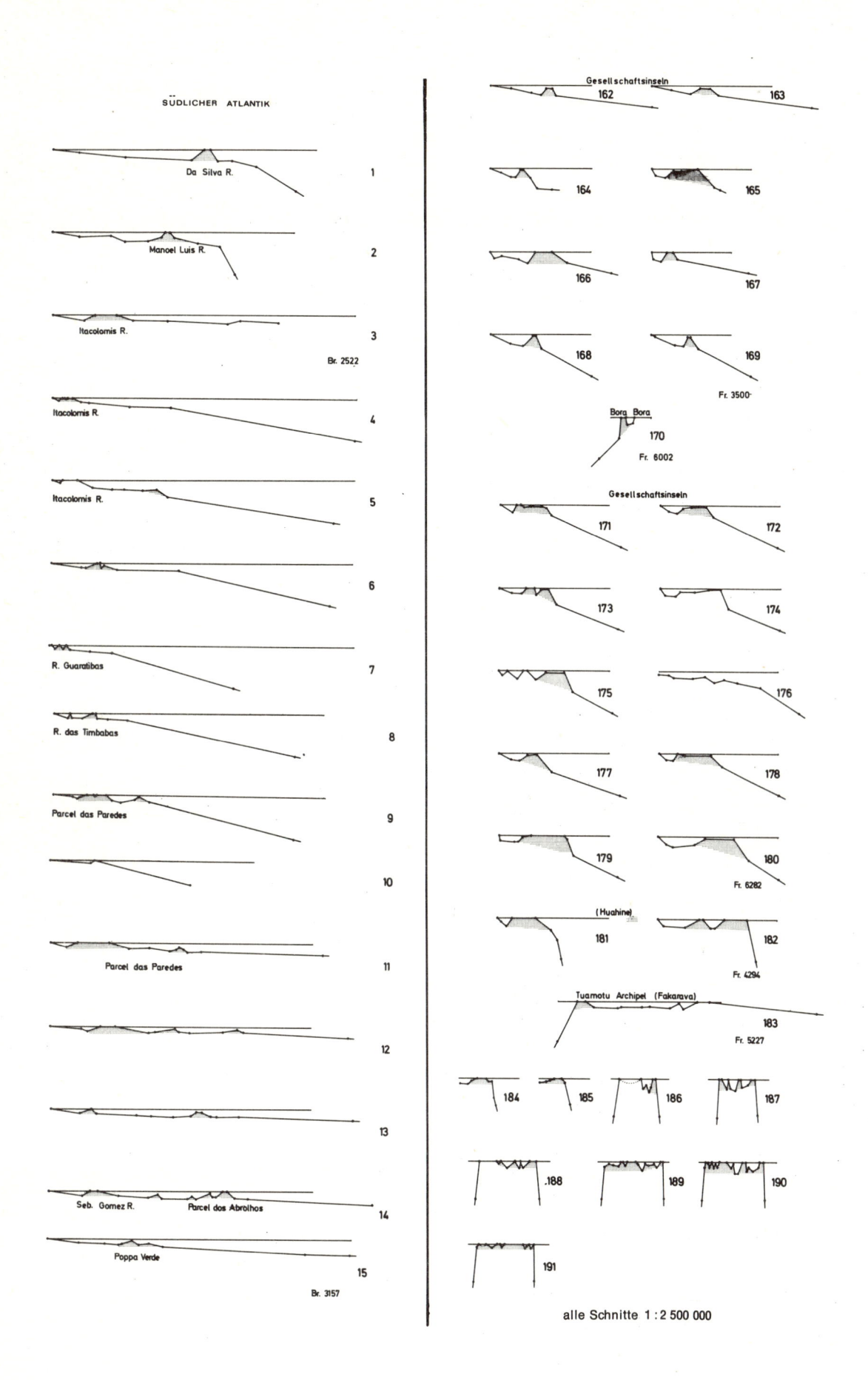

Da Silva R. — 1
Manoel Luis R. — 2
Itacolomis R. — 3
Br. 2522
Itacolomis R. — 4
Itacolomis R. — 5
— 6
R. Guaratibas — 7
R. das Timbabas — 8
Parcel das Paredes — 9
— 10
Parcel das Paredes — 11
— 12
— 13
Seb. Gomez R.   Parcel dos Abrolhos — 14
Poppa Verde — 15
Br. 3157

Gesellschaftsinseln — 162 — 163
164 — 165
166 — 167
168 — 169
Fr. 3500
Bora Bora — 170
Fr. 6002
Gesellschaftsinseln — 171 — 172
173 — 174
175 — 176
177 — 178
179 — 180
Fr. 6282
(Huahine) 181 — 182
Fr. 4294
Tuamotu Archipel (Fakarava) — 183
Fr. 5227
184 — 185 — 186 — 187
188 — 189 — 190
191

alle Schnitte 1 : 2 500 000

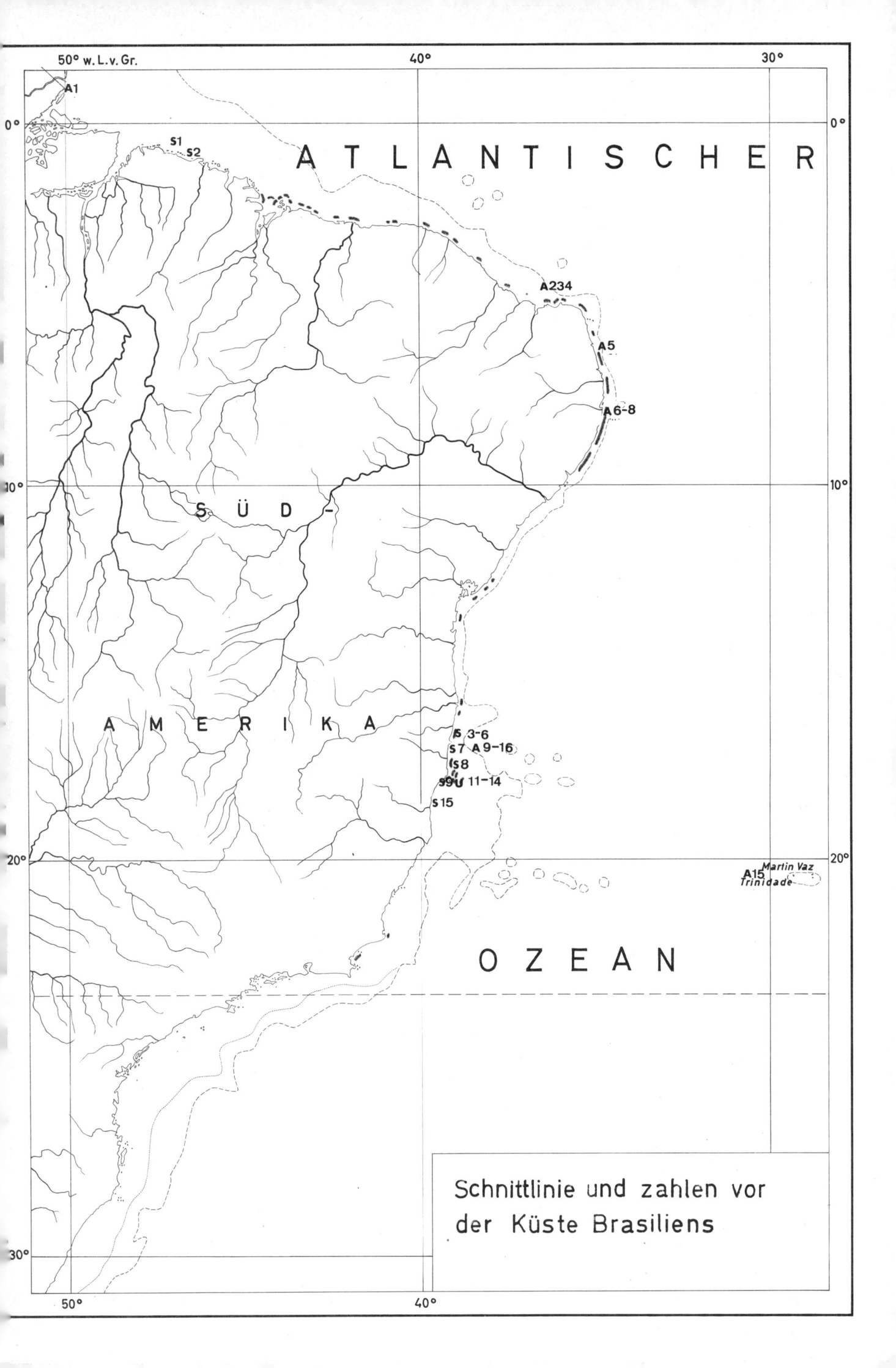

Schnittlinie und zahlen vor der Küste Brasiliens